听心理咨询师给女孩讲情商

"推开心理咨询室的门"编写组　编著

中国纺织出版社有限公司

内 容 提 要

情商是一个女孩从小到大受人欢迎的综合素养,也是今后在社会交往立足的基础。

本书以情商相关的心理学知识为基础,从不同的角度为女孩们掀开情商的面纱,使女孩们深入了解情商与智商之间的关系,意识到情商在生活中的重要作用,从而帮助女孩赢得成功、幸福的人生。

图书在版编目(CIP)数据

听心理咨询师给女孩讲情商/"推开心理咨询室的门"编写组编著. -- 北京:中国纺织出版社有限公司,2025.6

ISBN 978-7-5229-0688-1

Ⅰ. ①听… Ⅱ. ①推… Ⅲ. ①女性—情商—通俗读物 Ⅳ. ①B842.6-49

中国国家版本馆CIP数据核字(2023)第114171号

责任编辑:柳华君　责任校对:高　涵　责任印制:储志伟

中国纺织出版社有限公司出版发行
地址:北京市朝阳区百子湾东里A407号楼　邮政编码:100124
销售电话:010—67004422　传真:010—87155801
http://www.c-textilep.com
中国纺织出版社天猫旗舰店
官方微博 http://weibo.com/2119887771
天津千鹤文化传播有限公司印刷　各地新华书店经销
2025年6月第1版第1次印刷
开本:880×1230　1/32　印张:7
字数:65千字　定价:49.80元

凡购本书,如有缺页、倒页、脱页,由本社图书营销中心调换

前 言
PREFACE

在心理咨询中，女性来访者并不少见，并且她们所遇到的困惑具有高度的趋同性，包括情绪控制、自我价值、身份认同、职业发展等问题。这些问题并不像表面上看起来那么容易概括，也并不是单维度的问题，而是复杂的综合性问题。这种复杂性是由女孩在这个社会中具有的独特性决定的，体现在多个层面，包括生物学、心理学、社会学以及文化等方面。生物学上，女孩从出生起就具有独属于自己的生理特征，这些特征在青春期会引发一系列的生理变化，如月经周期的出现等。在心理层面上，女孩可能会表现出与男孩不同的性格特质和行为模式，这些差异源于社会化过程和生物性别角色的影响。在社会学层面上，女孩所面临的社会期待和角色定位常常与男孩有所不同。例如，她们可能更被鼓励展现出亲和力、同情心和关怀他人的特质，同时也可能面临着性别歧视和不平等的挑战。在文化层面上，不同社会和文化对女孩的教育、职业和婚姻等方面有着不同的期待和规范，这些文化因素深刻影响着女孩的成长环境和发展机会。总之，女孩所面临问题的复杂性以及解决这些问题的重要性必须引起专业人士和社会各界的关注。

针对女孩面临的各种心理和社会挑战，心理咨询师团队编写了一整套不同主题的书籍，提供给女孩们全面、综合性的资源。希望通过阅读，女孩可以应对社会中显性或者隐性的性别刻板印象带来的压力，可以更好地了解自己，增强内在的力量，不断发展个人技能，提升应对生活挑战的能力。

对于每个人而言，情商都是一种至关重要的能力，尤其是在现代社会，情商的重要性越来越高。很多心理学家认为，情商甚至比智商更重要，因为情商表现出人们的综合素养，体现出人们的深层素质，因而能够帮助人们正确地认知自我、管理自我、激励自我，也能够帮助人们处理好人际关系，获得良好的人脉，还可以在人们遭遇坎坷逆境的时候，激励人们不断进取，奋发向上。总而言之，一个人如果智商低，还可以从事管理工作；但是如果情商低，由于不管什么工作都难免要与人打交道，因而也就无法做得风生水起。

高情商的女孩也许不是最漂亮的，不是最聪明的，但是在人群之中，她们是最受欢迎的。因为她们深谙人际相处之道，也懂得成功、幸福的人生不仅取决于能力，更取决于恰到好处的自我调节与管理、有分寸地与他人相处、营造良好的人际氛围、建立和经营丰富的人脉关系。高情商的女孩不但悦纳自己，对他人也很宽容，更知道如何在尴尬冷场的时候，为别人打圆场，给自己找台阶下。总而言之，她们总是游刃有余，如鱼得水。

女孩们,你们还在等什么呢?赶快行动起来,提高自身的情商吧。幸好情商是可以通过后天努力提高的,这样就给了女孩们更多的发展空间和进步空间,也给了女孩们的人生更多的浪漫、美丽和美好。

总而言之,只要你愿意,你就会成为一个高情商的女孩!

编著者

目 录
CONTENTS

第 01 章　初识情商
——情商对女孩为何至关重要

- 掀开情商"面纱",了解情商"本质" …………… 002
- 爱笑的女孩,运气不会太差 …………………… 006
- 高情商,助力女孩一生幸福 …………………… 010
- 具备高情商,也要符合"指标" ………………… 013
- 和智商相比,情商更重要吗 …………………… 017

第 02 章　聪明女孩透析情商
——情商助力女孩感知幸福

- 提升情商,幸福才能接踵而至 ………………… 024
- 高情商,助力女孩辨识幸福的方向 …………… 028
- 掌握"高情商"的秘密武器,幸福无忧 ………… 033
- 避开雷区,拒绝做低情商女孩 ………………… 038

第 03 章 客观认识和评价自我
——情商修炼离不开深刻的自我反省

坚持自我，才能活出真我风采……………………042
第六感，暴露你内心深处大秘密…………………046
一日三省吾身，拥有人生的"魔镜"………………050
反问自己，才能更深刻地洞察心灵…………………054
勇敢面对和剖析自我，才能反思进取………………058

第 04 章 做情绪的主人
——主宰情绪才能主宰人生

乐自我，拒绝受到他人不良情绪的影响……………064
清理情绪垃圾，让快乐相随…………………………069
情绪也有阴晴，掌握预报及时调整自我……………073
自我管理，梳理情绪才能获得幸福…………………079
及时调整情绪，不再歇斯底里………………………083

第05章 大智慧总是在坎坷中表现
——提高逆境情商，应对人生挫折

人生不如意十之八九 ······ 090

学会放弃，它和坚持一样必不可缺 ······ 093

人生中，学会遗忘才能快乐永驻 ······ 097

女人，你的名字不是弱者 ······ 100

人生就要一鼓作气，勇往直前 ······ 104

第06章 人脉是现代社会的最大资源
——女孩的交际情商必不可少

每个女孩，都需要一个值得信任的闺蜜 ······ 110

幽默，帮助你巧妙应对冷场和尴尬 ······ 115

批评有技巧，忠言不逆耳 ······ 119

说好一句话，助你成功打开他人心扉 ······ 123

让他人心甘情愿接受你的建议 ······ 126

第07章 人情就是用来欠的，点点滴滴汇聚成海
——高情商者人情秘诀

你的人脉关系中，有些人不可替代……………… 132

多个朋友多条路，多个仇人多堵墙……………… 136

让他人欠着你的人情，这种感觉妙不可言………… 140

第08章 成为好上司、好下属、好同事
——高情商才能制胜职场

办公室里的政治，交谈不可随心所欲……………… 146

和同事处好关系，优化工作环境………………… 151

把工作当事业，而不是仅仅混口饭吃……………… 157

与上司搞好关系，你怎么能没有高情商…………… 162

第09章 女人玩转财富有妙招——情商高，财富自然来

以小博大，降低风险未必没有高收益……170

巧舌如簧，有时也是赚钱的资本……174

知识就是力量，也是源源不断的财富……178

建立正确的金钱观，人生才不会偏离正轨……182

第10章 聪明女孩懂得婚姻的经营之道——婚姻是一门深奥的课程

幸福婚姻，离不开女孩的用心经营……188

保持自身的独立性，才能与爱人并肩而立……193

婚姻幸福的经营之道，你不得不知的秘密……199

婆媳关系，绕不过去的难题……203

记住，你爱上的就是那个不完美的爱人……207

参考文献……211

第01章

初识情商
——情商对女孩为何至关重要

掀开情商"面纱",了解情商"本质"

当情商的概念最早由两位美国心理学家,约翰·梅耶和彼得·萨洛维,提出来时,很多人没有在意。直到1995年,在《纽约时报》担任科学记者的丹尼尔·戈尔曼出版《情商:为什么情商比智商更重要》,这才在世界范围内引发了研究情商的热潮。为此,后世的很多人都称丹尼尔·戈尔曼为"情商之父"。

随着研究的不断深入,曾经以为智商决定成败的观点渐渐改变,人们开始意识到情商对于社会生活的重要影响,以及它在个人成败中起到的关键作用。现代社会,许多有着高学历、高颜值、高收入的女性朋友陷入抑郁、焦虑的泥淖。她们感到不幸福,并非因为她们自身的条件不够好。相比之下,有些女性朋友虽然相貌平平、学历不高、工资收入一般，却找到了自己的幸福所在。从某种角度来说，后者可能智商平平，但是情商很高，因而能够在生活中如愿以偿地获得自己想要的幸福。

为什么相比于智商，情商对于收获幸福人生更有帮助呢？其中一个原因在于，情商涉及对自身情绪的调整。并且，与智商相比，情商更能潜移默化地改变人际关系，从而间接改变我们的人生。

珍珍的爸爸妈妈在她很小的时候就去世了，她是跟着爷爷奶奶长大的。她知道自己失去了爸爸妈妈的疼爱和呵护，无依无靠，而且爷爷奶奶年纪大了，所以她总是不遗余力地学习，想要改变自己的命运。

磕磕绊绊十几年，珍珍终于完成学业，大学毕业了。然而，在面试的过程中她却处处碰壁。原来，很多招聘者觉得珍珍其他条件不错，但太过内向自卑，总是低着头又愁眉苦脸，而这必然影响她未来的工作。就这样，珍珍与很多好的工作失之交臂。在得知自己被淘汰的原因后，她痛定思痛，决定改变自己。在长达一个月的时间里，她每天都对着镜子里的自己练习微笑。她激励自己："我很棒，我很棒，我真的很棒！只要坚持努力，我一定能够改变命运！"渐渐地，她的脸上浮现出发自内心的微笑，整个人的状态也变得不同了。果不其然，再次面试时，珍珍自信谦和的表现，赢得了面试官的赞许和认可。就这样，珍珍获得了人生中的第一份工作。从此之后，她更加积极主动地改变自己、积极暗示自己，最终事业上有所成就，也收获了幸福。

在这个事例中，生活的艰难使珍珍一直以来根本无法发自内心地微笑。幸好她意识到了自己的问题，并且努力调整心态、改变自己。其实，不管是对女性朋友，还是对男性朋友来说，在生活压力越来越大、职场竞争日益激烈的今天，自我激励都是非常重要的。能够自我激励是拥有高情商的一种表现。坚持积极的自我激励,不但能够改变我们的心态,还能间接改变我们的命运,使我们距离成功越来越近。

爱笑的女孩，运气不会太差

网络上流传着一句话，叫作"爱笑的女孩，运气总不会太差"。这句话告诉我们，当一个女孩以笑脸面对人生时，人生也会回馈给她笑脸，回报她的积极乐观和坚强。相反，假如一个女孩总是愁眉苦脸地面对人生的一切，那么人生也终将会给她悲观、消极和失望，使她陷入更深的低谷和绝望之中。曾经有位名人说："既然哭着也是一天，笑着也是一天，我们为何不能笑着度过人生的每一天呢！"的确如此，面对不如意的生活，与其喋喋不休地抱怨，不如珍惜宝贵的时间，把握自己的人生和命运，成为真正的主宰者。

很多女孩常常羡慕别人的生活，也因此不停地埋怨：为什么我的运气这么差呢？为什么他总是能够得到命运的垂青呢？其实，当我们释放出积极的能量时，自然也能够吸收正向的能量。相反，当我们成为绝望的深渊时，我们的生活便也会掉入深渊之中，无法自拔。尼采说："当你凝视深渊时，深渊也凝视着你。"由此可见，那些得到命运青睐的女孩，她们的好运得益于她们始终对生活满怀激情和希望。唯有这样的心态，才能把一切的幸福和快乐都吸引到自己身边。

小敏大学毕业后，因为没有找到中意的工作，最终不得不来到这家商场当一名推销员。尽管很多人都觉得屈才了，小敏却丝毫没有瞧不起自己的工作。相反，她每天都早早去商场，在自己负责的专柜打扫卫生，在工作上尽心尽责。

逐渐地，小敏发现很多顾客是专柜产品的忠实用户，但是因为实体店比较少，他们不得不跑很远的路来到商场专柜购买产品。为此，小敏突发奇想：假如我在淘宝上开一个店铺，那么这些熟悉产品并且对产品很忠诚的顾客，不就无须奔波了吗？他们只需要动动手指，就能买到心仪的产品，也节省了大量的时间和精力，一定会获得更好的购物体验。就这样，小敏把自己的想法向经理汇报，虽然经理有些迟疑，但还是决定让小敏试一试。出乎所有人的预料，小敏的网店在开业的第一天，就成交了三单，这让所有人都大吃一惊。

后来，随着小敏网店的销售额越来越高，经理决定开辟网络部，并且由网络销售的元老级人物小敏全权负责。就这样，小敏在进入公司半年之后，就成为网络部主管。后来，网络部在她的带领下销量不断攀升，居然做出了和实体店平分秋色的好成绩。

是金子在哪里都会发光，小敏虽然以大学本科的学历来到商场当销售员，但是她并非池中之物，很快就发挥了自己的创造性，开设了网店，并且发展顺利，最终成功升任网络销售部的主管。在他人眼中，也许这只是因为小敏运气好，但是实际上，小敏是一个情商很高的女孩。她始终心怀希望,既不妄自菲薄,也不妄自尊大。即便是在不那么让自己满意的工作岗位上,她也能脚踏实地地工作,用实力为自己代言。

人生不如意十之八九,相信不少女孩在日常生活中也遇到过不满意的事情。与其抱怨,不如调整好自己的心态,坦然从容地面对自己的人生。相信只要我们努力付出、坚持不懈,命运一定会交还给我们满意的答卷。从现在开始,让自己成为一个好运气的女孩吧!

高情商，助力女孩一生幸福

情商概念一经提出，就成功吸引了各路专家学者的眼球，也博得了民众的关注。随着"情商"概念变得炙手可热，研究情商并为情商展开争议的人也越来越多。那么，情商到底是如何影响人们的生活，又如何左右着人生的成功呢？

大多数女孩的人生目标没有那么具体，只有简单的四个字——"获得幸福"。这四个字说起来只需要上下嘴唇一碰，花费一两秒时间，实现起来却很难。归根结底，幸福是一种虚幻的概念，我们无法定义自己拥有多少钱就是幸福，也不敢说自己买了好房好车之后一定能够拥有幸福，甚至即便拥有爱情，也未必就进入了幸福的保险箱。所以说，获得幸福听起来是再简单不过的诉求，但是真正想要实现，还是很难的。尤其是在人际关系纷繁复杂的现代社会，不管是处理亲情、爱情、友情，还是在职场上与同事相处，都需要女人拥有高情商。

大学毕业后，晓雪和阿民结识了。很快，她认定阿民就是自己心目中的好男人，因而决定接受阿民的求婚，和阿民携手走入婚姻的殿堂。

在求婚的时候，没有钱的阿民只准备了一枚银戒指，还有一束从路边小贩那里买来的花。他内心忐忑，不知道被父母视为掌上明珠的晓雪是否会接受他的请求。面对着阿民紧张忐忑的表白，晓雪说："没关系，没有钱咱们可以一起慢慢挣。相信只要我们努力，一定能够改善生活，改变命运。

而且，我看中的是你这个人，而不是你的钱。如果你现在是个大手大脚的富二代，也许我还会对你不屑一顾呢！"晓雪的话给阿民吃了一颗定心丸。自此之后，他不只为自己，也为晓雪奋斗，依靠自己的努力，将一个小家经营得和和美美、蒸蒸日上。

面对内心忐忑的男友，晓雪展现出了高超的情商。她明白幸福的标准是由自己制定的道理，也明白将心比心的智慧。她的回答既显露出了对未来的殷殷期待，又展现出了同甘共苦的勇气。更重要的是，她展现出了"非你不可"的坚定。这样善解人意又充满智慧的高情商女孩，又有哪个男孩会辜负呢？

很大程度上，情商比智商更能够决定人的成败。看到这里，也许有些情商不高的女性朋友会觉得沮丧。难道自己注定因为低情商而一事无成，也与幸福绝缘吗？事实并非如此。其实，情商并非完全是天生的，很大程度上取决于后天的刻意培养。现在，很多国家把情商教育列为必修课，女性朋友们完全可以通过日常生活和工作的历练，提升自己的情商，帮助自己获得更美好的未来。

具备高情商，也要符合"指标"

很多时候，那些自诩高情商的女性朋友未必真的有高情商，而那些谦虚低调的女性朋友反而恰恰是高情商的拥有者。前文已经说过，情商潜移默化地影响和左右着我们的人生，也往往能够改变我们的命运。由此可见，情商的确是非常重要的。然而，高情商并非都是天生的。要想通过后天努力提高情商，我们就应该把握高情商的各项"指标"，从而更加有的放矢地针对自身的情况，竭力提高自身的情商。

首先，高情商的女孩具有敏锐的观察力，总是能够敏感地觉察到很多事情的发展变化，也能够顺应形势，积极作出调整。

其次，高情商的女孩很善于自我反省。曾子曰："吾日三省吾身。"金无足赤，人无完人，一个人即使再怎么完美，也不可能毫无瑕疵。因此，高情商的女孩总是能够保持自我反省的好习惯，从而认清自己的优点和缺点，最大限度地发挥自身的主观能动性，改变命运，主宰人生。

再次，高情商的女孩都是积极乐观的。众所周知，人生不如意十之八九，每个人在一生之中都难免会遭遇坎坷挫折，人生也会陷入低谷。在这种情况下，高情商的女孩能够调整好自己的心态，始终积极乐观地面对生活。

最后，高情商的女孩一定是情绪的主宰者，能够做到心平气和。人是感情动物，情绪常常不由自主地出现。其中，积极情绪能够帮助女孩乐观面对艰难困苦，而消极情绪有时会导致错误的决策。一旦情绪失控，陷入愤怒，挣脱了理智的缰绳，人生可能会一下子陷入绝境。倘若一个人连自己都无法征服，又谈何实现伟大的理想呢！因此，高情商的女孩一定是善于控制情绪的。

此外，高情商的女孩还非常积极主动。众所周知，理想是丰满的，现实是骨感的。任何时候，明智的女孩都会采取主动的姿态面对生活，因为唯有如此，她们才能主宰命运、掌握人生。再美好的理想，如果始终处于空想阶段，也会成为水中月、镜中花。高情商的女孩很少摇摆不定，而总是果断出击，尽情享受人生，也能够最大限度地成就人生。总而言之，高情商的女孩不会因为生活中一时的坎坷挫折而放弃，她们是人生中真正的强者，有着强大的内心和力量，所以才会成就人生的精彩与辉煌。

观察力
自我反省
积极乐观
主宰情绪
掌控人生

小米是一个富于智慧的妈妈，正因为如此，她培养出来的儿子才那么优秀，出类拔萃。在儿子获得美国哈佛大学的奖学金后，小米和朋友们分享育儿经验。她说："其实，我也没有什么诀窍，但是我始终坚持一点，就是努力控制好情绪，真正把儿子当成我的朋友对待。"

小米的话使朋友们茅塞顿开，尤其是那些辣妈性格的朋友，更是连连点头。原来，她们在养育孩子的过程中总是因为孩子不听话、不能使自己满意而歇斯底里。作为妈妈，她们在孩子面前失态，就影响了孩子对她们的正确判断，也给孩子的发展带来了负面影响。真正把孩子当成自己的朋友对待，就不会对孩子失去平和心，更不会口不择言。小米妈妈分享的经验听起来简单，实际上蕴含着深刻的哲理。

的确，作为孩子的榜样和第一任老师，妈妈的言行举止会给孩子带来深远的影响，甚至改变孩子的一生。因而曾经有人说，社会的发展要靠妈妈们努力推动。尽管这种说法有些极端，却很有道理。一个高情商的妈妈，不但能够经营好家庭生活，更能够给予孩子积极正面的力量。

不仅是在孩子的教育问题上，其实我们生活和工作中的方方面面都与情商有着密切关系。即便是在菜市场卖菜，高情商的商贩也要比低情商的商贩更生意兴隆。

和智商相比，情商更重要吗

一直以来，很多人都觉得智商能够决定人生成就的高度，也能左右人生的成败。的确，智力水平的高低会影响到我们生活的诸多方面，的确会对我们的人生起到至关重要的影响。然而，随着情商这一概念的提出，人们渐渐发现，和智商相比，情商影响更大。

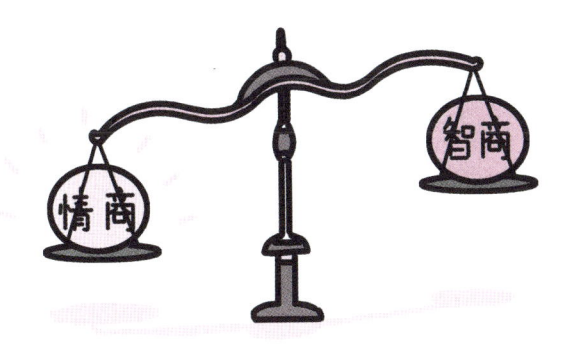

很多人知道哈佛大学，即便在世界范围内，它也是名列前茅的顶级学府。因而，无数有才华、有学识的人都想进入

哈佛大学深造，从而让自己的人生更上一层楼。需要注意的是，哈佛大学并非唯智商论，相反，哈佛大学之所以能够在漫长的历史中培养出社会各个领域的精英人才，就是因为它更看重学生的综合素质和水平，而不是看重只能表现智商的分数。哈佛大学里有位举世闻名的心理学教授曾经提出，在成功的因素中，情商起到至少80%的作用，而智商只能起到20%的作用。当然，这个数字也许有些草率和不够精确，但是它至少告诉我们哈佛对于情商的看重程度，以及情商的确会对人生的成败起到决定性作用。

很多家长重视培养孩子的智商。市面上，启智玩具琳琅满目。但少有家长像关注智商一样关注情商。"情商之父"丹尼尔·戈尔曼断言：情商比智商更重要。真的如此吗？要证实这个命题，我们应该深入了解智商和情商的概念，并且对它们进行准确区分，从而得知它们对于人的不同影响力，最终寻找到正确的答案。一般情况下，智商与逻辑能力、分析能力、推理能力、语言能力等能够表现出智力水平高下的能力密切相关。尤其是在处理难题的时候，智商会起到非常重要的作用。假如说智商是硬功夫，那么情商则与人们的软实力密切相关，如控制和调节情绪的能力、适应社会的能力、处理人际关系的能力、承受挫折和压力的能力等。从情商和智商的比较之中我们不难得出一个结论，智商是理性的，情商更多地与人的情绪感知相关。

从这个角度来说，我们无法说是智商比情商更重要，还是情商比智商更重要。因为它们阐述的是不同的领域，是互补的关系，没有绝对的可比性。不过，从人类生活对智商和情商的依赖程度来看，显然情商更能深入渗透人们的生活，并最终影响人们的成败。举个简单的例子来说，一个人假如智商很低，也许会在学术方面难有进步；但是，这并不妨碍他成为一个受欢迎的人。他也许不适合从事技术工作，却有可能因为高情商而把管理工作做得风生水起。

生活中，人们在很多方面都依赖于情商。例如，孩子要想得到父母的喜爱，要学会讨父母的喜欢；男人要想成功追求到自己喜欢的女孩，一味地展开金钱攻势也许并不会有效果，反而是那些擅长以小小的惊喜感动女孩的男人，更能如愿以偿。在职场上，只有过硬的专业知识未必能够得到长足发展，唯有以高情商与同事和上下级处理好关系，才能如鱼得水、游刃有余。总而言之，情商高的人具有非凡的能力，总是能够化腐朽为神奇，给生命带来奇迹。再如，在遭遇挫折和磨难的时候，意志力不够坚强的人，会很容易放弃；唯有内心坚定不移、始终满怀信心和希望的人，才能最终战胜困境，突破自我，实现人生的辉煌。纵观古今中外，每一个成功人士，无一不是历经坎坷挫折，最终才获得成就的。

有个女孩从小就是父母的掌上明珠，过着衣食无忧的生活。她的学习成绩非常好，一路绿灯，考入名牌大学。然而，就在四年大学生涯即将结束的前夕，她眼看着宿舍里的另一个女生找到了好工作，居然因为嫉妒发狂，最终选择投毒，夺去了同学的生命。

一个如花似玉的生命香消玉殒了，而这个女孩的命运也彻底改变。原本，她可以走上社会，从事自己喜欢的工作，享受自己的人生。如今，她却沦为阶下囚，整日在监狱中以泪洗面。

在这个事例中，女孩原本非常优秀，遗憾的是，虽然她的高智商使她拥有好成绩，但是她的低情商使她无法合理调节自己的内心，最终选择了无法回头的绝路。她不但伤害了他人，也伤害了自己，更让父母悲痛欲绝。由此可见，智商或许是油门，能让车辆高速行驶，而情商作为刹车，亦起到必不可少的作用。

从这个角度来看，情商高的人更容易获得幸福，并不全因为情商能使人做出更高的成就，更因为他们懂得如何平复自己的内心，恢复情绪的平静，也知道如何才能超越坎坷和挫折，获得人生的成功。拥有高情商的女孩，才能一生与幸福相伴，也才能成就最完美的自己。

第02章

聪明女孩透析情商
——情商助力女孩感知幸福

提升情商，幸福才能接踵而至

情商如此重要，以至一些自觉情商低的女性朋友暗自苦恼起来。难道自己注定要与幸福绝缘了吗？其实不然。智商主要依靠天生，情商却完全不同，情商并非主要依靠天生，更大程度上取决于后天的修养和提升。要想具备高情商，女性朋友们就要在生活中多多修炼，这样才能让自己获得越来越多的幸福。

当然，提升情商也并非说说那么简单。

首先，女性朋友必须具备强烈的意愿，这样才能时刻把提升情商放在心头，也才能时刻提醒和警示自己注意修炼。

其次，提升情商要摆正心态。很多女性朋友心理脆弱，遇到小小的困难就马上想到放弃，无法经受任何磨难。所谓高情商，一定是积极正向的，因而女性朋友们必须具备积极、乐观、开朗的心态。唯有如此，才能让自己获得更大的进步，顺利成长。

再次，女性朋友要想提高情商，还要远离负面情绪。正如一位名人所说的，人最大的敌人是自己。很多人被囚禁于自我创造的囚牢中，根本无法挣脱出来；而一旦战胜自己，人生的境界也会随之豁然开朗，因而获得幸福也就水到渠成。

最后，提升情商还要拥有优秀的品格。众所周知，这个世界上没有绝对的自由，任何自由都是在规则范围内的自由。因而一个高情商的女孩，必然是能够自我约束的，这样才有利于自我提升和自我完善。

大学毕业之后，莹莹一心想去遥远的大城市打拼。然而，年迈的父母不想让她走得那么远，毕竟相互照顾起来也不方便。为此，莹莹与父母展开了拉锯战。每当父母提议让她去稍微近点儿的省城工作时，她就口无遮拦地说出一些伤感情的话："你们就知道考虑自己。在咱们这个鸟不拉屎的地方，省城有什么好的呀？你们要不是为了让我照顾你们，怎么会不让我走呢？"妈妈委屈地说："莹莹，爸爸妈妈的确越来越老了，需要你的照顾，但是你也需要爸爸妈妈的照顾啊！咱们是一家人，做任何决定都要综合考虑，你不能自私，也不能自以为是。"不料，莹莹就像着了魔一样，一心一意想要离开。思来想去，她决定改变策略。

在爸爸妈妈的结婚纪念日上，莹莹准备了一个大蛋糕，还给妈妈准备了一束鲜艳的红玫瑰。她温和地对妈妈说："妈妈，我还年轻，不想一辈子都囚禁在咱们这个小地方。我想，我就作为开路先锋去大城市打拼，等我站稳脚跟了，就把你和爸爸接过去。反正你们过几年就退休了，到时候也不用上班。只要熬过这几年，我相信咱们家一定会越来越好的。到时候，您也成了大城市里的人，偶尔回来探探亲，不

也很好吗？您说呢？"莹莹温和的话让妈妈反对的态度不再那么坚决，爸爸也改变想法，支持莹莹开拓自己的人生。

即便是子女与父母之间，交流也是需要讲究技巧的。在这个事例中，莹莹为了离开家去大城市打拼，与爸爸妈妈争执不断。后来，她改变策略，才以合情合理的表达方式把话说到了妈妈心里去。所谓父母子女，其实就是一场渐行渐远的修行。现代社会，越来越多的老人空巢，假如子女能够多多为年迈的父母考虑，在顾全个人发展的同时，也兼顾父母的感受，那么一定能够处理好和父母的关系，使家庭生活其乐融融。

要想生活得顺遂如意，就要学会用高情商与人生斡旋。当事不如意时，我们与其抱怨，不如将这宝贵的时间用来改变生活。现代社会，人际关系被提升到越来越高的高度，作为女性，我们更应该发挥高情商，玩转自己的生活和工作，使自己获得真正的幸福。

高情商，助力女孩辨识幸福的方向

每个人的人生都面临各种各样的选择，尤其是随着社会的进步，选择也变得更加复杂和多样化。可以说，人生就是由选择构成的。女人必须作好每一次选择，才能准确找到幸福的方向，也才能把幸福真正地握在手中。

当然，每一次选择都是一次冒险，即使次次小心谨慎，也不能保证都选择正确。于是，我们心中忐忑不安，在面对选择的时候更加紧张局促。所谓关心则乱，当选择关系到我们人生的发展和幸福的归属时，我们就更加紧张不安、患得患失。其实，选择并没有我们现象中那么难。只要我们能够摆正心态，端正态度，就能够找到获得幸福的途径，从而使自己的人生与快乐、幸福常相伴。

遗憾的是，很多女孩会被表面现象蒙蔽，她们不知道如何辨识现状，更不知道如何坚决果断地作出选择。许多时候，女孩是被推着作选择的。她们不了解自己真实的愿望，相信了他人灌输给自己的一些价值观，用自己的口讲他人的话，因此时常后悔，时常感觉不幸。就以寻找爱人为例，有些女孩在获得追求的时候并没有那么喜欢对方，但是对方的条件很好，外表俊朗、风趣幽默、出手大方，于是在朋友们"他那么好，你为什么不答应他"的鼓动下答应了和他在一起。只是，在这样并非两情相悦的关系中，女孩总是若即若离，一方面害怕别人说自己"不识抬举"，另一方面又担心自己错过了真正的缘分。这样不够投入的恋情，自然很难走向安稳的幸福。

高情商的女孩很少陷入这样的苦恼，她们意志坚定，很清楚自己想要怎样的生活，也知道幸福在何方。在漫长而又短暂的人生中，也许她们会走弯路，但是她们心中始终牢记着人生的方向，也能够不断努力奋进。总而言之，高情商能够帮助女孩们找到幸福的方向，也帮助她们不遗余力地奔向幸福的未来。

大学期间，米雪作为校花，有着无数的追求者。他们之中不乏高富帅，也有很多才华横溢的佼佼者。但是，米雪从来不为他们心动。原来，米雪早就已经心有所属了，她喜欢一个来自农村的穷小子——李朋。李朋虽然家境贫寒，人长得也不够帅，而且看起来木木的，似乎有些愚钝，但是米雪就是喜欢他淳朴的模样，更是主动对他展开了猛烈攻势。

大学毕业之后，校园恋情面临着分离，很多爱情因此无疾而终。米雪呢，她居然决定跟随李朋回到他遥远的家乡，去到偏僻的小县城里生活。对此，不但同学们不理解，米雪的父母和兄长也强烈反对。不想，米雪早已想得很清楚了，因而不管反对的呼声多么高，她都意志坚定地说："我喜欢去小地方生活，那里山清水秀、环境宜居，可比在大城市吸灰尘强多了。最重要的是，我愿意追随自己的爱人，我相信一切会与众不同。"

在米雪的坚持之下，米雪最终成了小县城的媳妇，跟随李朋回到了家乡。结婚之后的米雪生活得非常幸福，每次给远在大都市的父母打电话，她总是热情地邀请父母来到她现在的家居住。她说："爸爸妈妈，这里才是适合生根发芽、开枝散叶的地方。你们如果真的来了,一定会喜欢这里的。而且,李朋是我爱的选择,我不后悔没有选择那些条件比他更优越的男生,因为我从他这里得到了真正的爱情,这才是我一生渴求的。"

也许,很多读者朋友也不理解米雪的选择,甚至将其举动归结于爱情使人疯狂。其实,米雪之所以选择李朋,是因为她已经想好了要拥有怎样的生活。可以说,安逸的生活和李朋纯朴的爱,是米雪心中幸福的两大要素。现在的米雪尽管生活清贫,但是她所得到的幸福并不比那些留在大城市打拼的女同学少。正所谓如人饮水,冷暖自知,米雪很清楚地拥抱着自己的幸福。

生活中,尤其是在面临重大抉择时,很多人都会遭到蒙蔽,根本不清楚自己真正看重和想要的是什么。在这种情况下,选择难免有些偏颇。其实,每个人都有自己独特的人生,我们无须把别人成功的标准套用在自己身上,也无须按照他人的理想规划自己的人生。任何时候,幸福都是一种发自内心、无法掩饰的感受,因而聪明的女孩需要做的就是遵照自己的内心,坦然从容地选择自己的人生之路。

掌握"高情商"的秘密武器，幸福无忧

女孩要想获得幸福，也许需要具备很多的条件，然而高情商是其中唯一不可或缺的。其实，悦纳自己也包容他人的女孩，才是最幸福的。然而生活中偏偏有很多女孩喜欢较劲。她们不但和自己较劲，还时常和身边的人们较劲，最终把生活变成了一场对抗，再也没有了悦纳的幸福。

高情商的女孩懂得悦纳自己。她们懂得人无完人的道理，所以能够接纳自己的缺点和不足，并且扬长避短、取长补短，最大限度地发挥自己的优势。与之相对，假如一个人活着总是对自己不满意，又怎么可能尽情地享受生活呢？归根结底，我们要做的是拥抱生活，而不是对抗生活。

高情商的女孩除了懂得如何与自己相处，也知道如何与爱人相处。一直以来，人们都说爱情是命运之神给予人类最美好的馈赠，因而，拥有甜蜜的爱情也就成为很多女人毕生不懈的追求。两个原本陌生且完全不同的人突然间亲密接触，尽管彼此理解和相互包容，还是难免因为各种各样的琐碎小事而发生争执，这样的爱情常常使人无所适从。高情商女人轻而易举就能解决这个问题。她们很清楚，对方不是自己肚子里的蛔虫，因而绝不要求对方完全理解和体谅自己，也知道如何更好地包容对方，顺利度过与对方的磨合期。此外，她们在爱对方之前，懂得先爱自己。因为一个女人只有爱自己，才能善待自己，也才能赢得爱情。

还有很多女性朋友在恋爱时总是心有千千结，而这恰恰是失去幸福的罪恶之源。要知道，人非圣贤，孰能无过。在漫长的爱情生活中，对方难免会犯错，我们自身也是如此。与其揪住对方的小辫子不放手，不如把眼光放得更长远一些，这样才能让爱情的保鲜期更长。有人说，健忘的女人最幸福，因为她们从不翻出陈年旧账伤害辛苦经营的感情。

一直以来，菁菁都以良好的记忆力为荣。然而，结婚之后，这超强的记忆力偏偏成为她婚姻问题的导火索，使她不堪其扰。原来，每次因为鸡毛蒜皮的事情与丈夫林刚吵架时，菁菁总是吵着吵着，就说起之前很多不相干的纷争。由此一来，事态自然升级，彼此间也不再是就事论事，而是哪句话解恨就说哪一句，那些尖酸刻薄的语言就像刀一样，狠狠地刺进对方的心里。时间长了，菁菁与林刚的感情越来越淡漠。

有一次，菁菁无意间得知林刚邀请办公室里的一个女同事单独外出就餐，转头就对丈夫说："你呀，就是狗改不了吃屎。你可别解释，苍蝇不叮无缝的蛋，你这个臭鸡蛋已经被苍蝇叮过多少次了。我怀着孩子那年，你半夜三更和一个不认识的女人去吃火锅，电话也不接，差点儿让我流产。现在你也有儿子了，还是那副臭德行。儿子几个月的时候，你手机接到女同事的示爱短信，倘若你是个正人君子，人家就算喜欢你，也不敢贸然发短信吧！就你这样的，还配得到我的信任吗？还配有家有孩子吗？"原本，林刚只是因为感谢女同事工作的帮助，才邀请女同事吃饭，但是在菁菁这一番不分青红皂白的数落和嘲讽之后，他冷冷地说："既然你就是这么看我的，我当然不能让你失望。"没过多久，林刚果然出轨了。菁菁承受不起打击，整日以泪洗面。

菁菁遭遇林刚的背叛当然值得同情，但是分析事情的前因后果之后，明智的人不由得感慨唏嘘。男女从开始组建家庭，到携手度过一生，共同度过的岁月是很漫长的。在如此长久的时间里，即便是神仙也无法保证自己绝不犯任何错误。所以，夫妻要想白头到老，并非需要彼此间的感情多么灼热，更需要彼此坦诚和理解，学会忘记曾经的不愉快。既然当初选择了原谅，没有在伤害发生的时候分开，那么就要让过错翻篇，不要一直翻旧账。

越是亲密无间的关系，越是需要谨慎妥善地处理。所谓爱之深则恨之切，当伤害来自自己所爱的人，就会变得更加深刻和痛苦。由此可见，高情商的女孩之所以能够获得幸福，就是因为她们"健忘"。当然，高情商的女孩们不仅在爱情中受益，更能够在生活的其他方面得到回馈。聪明的女孩们，既然憧憬幸福，就从现在开始努力提高情商吧，相信你们一定会有意外的收获！

避开雷区，拒绝做低情商女孩

舌灿莲花固然困难，适时沉默、不讲禁语却较为容易；左右逢源需要深厚功力，藏拙自持、避开雷区却较为容易。生活中，许多女孩苦恼于如何提升情商，其实，只要顺利避开显示出低情商的雷区，就能够卓有成效地显示出高情商。那么，低情商的表现有哪些呢？

低情商的女孩往往过分敏感，不但对自己不够满意，对身边的人也总是指手画脚。她们不管做什么事情，一旦遇到困难就想要放弃。要知道，罗马不是一天建成的，没有任何人能够一蹴而就获得成功。现实生活中，还有很多低情商的女孩总是语出伤人。她们吝啬自己的赞美，与人相处和交往时从不愿意主动赞美他人，而总是哪壶不开提哪壶，导致听者对其非常不满。长此以往，低情商女孩哪里还有好人缘可言呢！

在宿舍里，素芳的人缘很差，这并非因为她性格暴躁，而是因为她每次说话都招人讨厌。前段时间，小芬买了一件外套。宿舍里的姐妹们看了之后都说好看，素芳却口无遮拦地说："我怎么觉得你这件外套适合大妈穿呢？"素芳话音刚落，小芬脸色陡变，气愤地说："你别咸吃萝卜淡操心了，我就喜欢这样稳重老成的衣服。"

还有一次，慧慧期中考试没考好，宿舍里的姐妹们都在费尽心思地安慰她、鼓励她。不想，素芳突然没头没脑地说："以你的能力，考成这样也不错了，至少都及格了，不用参加补考。"结果，慧慧气得十几天都不搭理素芳。日久天长，大家越来越讨厌素芳，素芳自己却还不知道是怎么回事呢！

其实，素芳之所以没有好人缘，主要是因为她说话太过直接。在看到小芬买到的外套之后，她完全可以换一种方式，说："小芬，这件衣服端庄大气，很符合你的气质。"在慧慧考试失利之后，她也可以说："没关系，虽然这次没考好，但是为下次留了巨大的进步空间，也许反而是好事呢！"这样一来，慧慧就不会因此不愿意搭理素芳，素芳的人缘也不会那么差了。

高情商，并非特定表现在生活的某一领域，而是渗透在生活的点点滴滴之中。高情商的女孩总是能够处理好生活中的很多事情，因而也更容易得到幸福。其实，只要避开低情商的雷区，减少生活中无意间的"雷人之举"，渐渐地，我们就能提高情商，成为拥有高情商的幸福女人。

第03章

客观认识和评价自我
——情商修炼离不开深刻的自我反省

坚持自我，才能活出真我风采

现实生活中，很多女性朋友对自己不满意。她们或者嫌弃自己身材矮胖，不够窈窕；或者厌恶自己的皮肤黝黑，恨不得全身漂白；又或者对自己在学习和工作上的表现不满意，总是耿耿于怀。毋庸置疑，每个人努力获得进步是无可厚非的，但是这应该建立在悦纳自己的基础上。否则当改变自己的原因变成对自己的全盘否定，那么改变就无法起到积极的作用，也会对我们的人生产生负面影响。

从心理学的角度而言，悦纳自己，意味着一个人对于自身的肯定，也会由此产生自信、自我欣赏等各种积极的感受。不能接纳自己的人，往往看自己哪里都不顺眼，于是盲目改变，最终导致自己变成四不像，总是被他人牵着鼻子走。相反，悦纳自己的人才能坚定不移地做好自己，展现出自己的风采，最终在自己的人生路上获得最大的成就。

我们必须接受一个现实，那就是我们并不完美，而且这个世界上根本没有完美的人。每个人身上都是优点与缺点并存的，只有客观认知和评价自我，做到取长补短、扬长避短，才能督促自我不断进步，获得精彩的未来。既然如此，我们何必要人云亦云，或者因为他人一句无心的评价就改变自己呢？邯郸学步，最终只能爬着回到自己的国家，还不如以自我原本不够优美的姿态跑跳自如呢！

16岁那年，索菲娅·罗兰进入影视圈。遗憾的是，她坚挺的鼻子和肥硕的臀部，遭到了导演和摄像师的一致否定。摄像师无论怎么努力，都无法把她拍得美丽动人。为此，导演对她说："假如你能改变自己的鼻子和臀部，也许还可以在影视圈拼出自己的天地。"然而，索菲娅·罗兰丝毫不把导演的话放在心里，她充满自信地说："也许我并不像其他女星一样有着标致的身材和面孔，但这恰恰是我与众不同的地方。我只想做我自己，不想改变。"

后来，观众在看腻了千篇一律的"完美"面孔之后，果然欣赏到索菲娅·罗兰与众不同的美。很快，她就拥有了无数忠实的观众，并且在影视圈获得了巨大的成就，成为举世闻名的影星。

在这个世界上，不存在绝对完美的人和事，我们唯有及早认清这个道理，才能理智认识自己，最大限度地发挥自身的优点和长处，鞭策和激励自己不断奋进。在真正发自内心地接纳自己之后，你会发现自己的内心世界产生了翻天覆地的变化。你不再抱怨命运没有作出最好安排，而是悦纳自己，珍爱自己。你的眼睛不再一味盯着自己的缺点和不足，也不再因为不够欣赏自己而感到痛苦，你会充满希望地奔向人生的全新旅程。

对于敏感细腻的女性朋友而言，悦纳自己，保持和坚持最真实的自我，显得尤为重要。一味地改变只会使我们迷失方向，而根本无法使我们变得更加完美。保持自我，还需要摒弃那些毫无意义的伪装。当你想哭的时候，不如就痛痛快快地哭出来；当你想笑的时候，也没有必要掩饰自己。也许这样的你并不能得到所有人的喜爱，但是这样的你才最真实，也才是真正的你。事实就是，你必须接受本真的自己，悦纳本真的自己，你的人生之路才能更加顺遂，你也才能获得最大的成功。

第六感,暴露你内心深处大秘密

日常生活中,很多女性习惯于"跟着感觉走"。而且,她们的第六感往往非常准确,能够帮助她们识别真相,也帮助她们在不假思索的情况下作出最佳选择。苏芮的一首歌就叫《跟着感觉走》,随着这首歌的流行,很多女人都把"跟着感觉走"挂在嘴边,这似乎已经成为一种潮流。

那么,第六感到底是什么呢?第六感,指的是除听觉、视觉、嗅觉、味觉、触觉五种基本感觉以外的第六种感觉。通常情况下,第六感能够帮助机体预知未来,因而也被称为直觉,或者超感觉力。从心理学的角度而言,第六感是机体的模糊知觉,虽然说不清道不明,却具有神奇的作用和功效。现实生活中,很多人拥有直觉,只不过有些人的直觉相对敏锐,有些人的直觉更加愚钝一些。直觉敏锐的人,在事情发生之前就能敏锐地察觉到蛛丝马迹,甚至有强烈的异样感觉。倘若能够及时作出应对，也许就能防止悲剧的发生。"情商之父"丹尼尔·戈尔曼就有强烈的直觉，他在一本书中记述了自己凭借直觉，避开断桥灾难的经历。不得不说，这真是非常神奇。

第六感在人际交往中也有重要的作用。高情商的女孩一般都心思细腻，因此能够更准确地觉察出在对话、行为、小动作中的细微特征，从而表现出高超的第六感。有些第六感则反映了女孩内心深处原有的不安和疑惑，这种第六感的准确性较低，但是常常会暴露女孩自己内心深处的重大秘密。

周末，丝丝带着8岁的儿子去公园滑轮滑。自从搬家以来，家务繁忙，儿子已经有一年多没有滑轮滑了，连轮滑鞋上都出现了些许的锈迹。天气炎热，儿子不愿意戴上全副的护膝、护肘和头盔，在儿子的撒娇下，丝丝抱着侥幸心理，认为只要自己小心看护，叮嘱儿子滑得慢一些，不会出现什么大事，就纵容了儿子只戴头盔。

在公园里，儿子起步跟跄了一下，不过很快就顺利地滑起来了。公园里有许多的花坛，还有一些其他的孩子在打球、奔跑。丝丝虽然一直盯着儿子的身影，但是视线时不时地会被其他物体挡住。不知道为什么,丝丝的心里总是有一种不安的直觉。她脑海里突然地响起曾听其他家长说的话:"我小叔家的孩子滑轮滑摔断了胳膊……"

随着儿子的身影又一次消失在花坛后,丝丝终于坐不住了,她急忙起身走向儿子,但儿子此时正巧失去了平衡……她赶紧上前查看,儿子已经捂着腿哭起来,丝丝心惊胆战,立刻打车送孩子上了医院。检查结果出来,果不其然,孩子右腿的胫腓骨骨折,而且断裂的地方上下都有骨裂,只能打石膏让腿自己恢复。想到儿子要受的苦,丝丝不禁懊悔自己没有相信自己的直觉,没有及时保护儿子。

在这个案例中，丝丝的第六感源于她获得的各种信息，而这种第六感暴露了她的不安——让儿子不佩戴全套装备就在不适合滑轮滑的地方玩耍的隐忧。这种忧虑被侥幸掩盖，如果没有发生这次的事故，这种第六感就会变成杞人忧天，可能只会换来丝丝的一句自嘲；而发生了这次意外，丝丝的第六感就变成了她自责的铁证，会让她对于自己的错误更加懊悔。相信未来的丝丝一定会重视自己的第六感，重视在暗中暴露的自己的真实情感。

情商的锻炼有时就是在一次次确证自己的第六感的过程中实现的。当通过第六感意识到人际交往中的某些陷阱而没有避开时，女孩就会对这种错误印象深刻，从而在未来的交际中避免犯同样的错误。同样，当对方有口无心的一些话暴露了他们内心的秘密时，女孩才能更敏锐地捕捉到。但需要注意的是，尽管第六感在许多时候是准确的，但通常难以作为实证。女孩们切忌捕风捉影，惹人不快。

一日三省吾身，拥有人生的"魔镜"

在童话故事《白雪公主》里，继母皇后拥有一面会说话的魔镜。当她问魔镜"谁是世界上最美丽的女人"时，魔镜如实地回答："白雪公主"。于是，为了重获"世界上最美丽的女人"的头衔，恶毒的皇后想出了一系列毒计，企图谋杀白雪公主。其实，从某种角度来说，每个人都有属于自己的"魔镜"，那就是坦然面对内心世界、获得真相的勇气。如白雪公主的继母那样试图否定魔镜的判断，只会获得可悲的下场。

现实生活中，很多人活在自欺欺人之中，他们不敢承认自己的缺点和不足，也因此一味地逃避，同心中的魔镜一起欺骗自己。如此下去，最终的结果是什么呢？结果就是他们不能客观公正地认知和评价自己，也不知道自己的优点和缺点是什么，更无法做到扬长避短、取长补短，帮助自己获得长足的发展。相反，那些功成名就的伟大人物，不但具有天赋，更具有直面真实自我的勇气。当他们质疑自己、反思自己时，魔镜一定会忠心耿耿地给出真实的回答。尽管答案有时让人难堪，但是能够激励他们进行深刻的自我反省，促使他们想方设法地弥补自身的不足。每个人都有缺点和瑕疵，一味逃避并不能使这些缺点不复存在，只会蒙蔽我们的眼睛和心灵。

细心的人会发现，一个真正优秀和幸福的女人，绝不会蒙蔽自己。相反，她们常常针对自己的缺点和不足进行积极的弥补，也会在灵魂深处拷问自己。由此可见，女性朋友只有坚持自我反省，才能离幸福越来越近。此外，坚持自我反省也是女性高情商的表现。

在大学校园里，作为一名指导员，张晴无疑深受学生们的爱戴。按理来说,刚刚大学毕业的她自己也还算是一个孩子呢,缺乏人生经验和阅历,她到底是如何赢得学生信任、得到学生青睐的呢?原来,张晴是一个非常善于自省的人,她和学生们在一起时从未把自己当成老师,而是当作最值得学生们信任的知心姐姐。

有一次,有位同学因为期末考试中的一门课程不及格,居然冲动地想要退学。起初,张晴想当然地批评了那个同学小题大做,还说了一通"要迎难而上"之类的大道理。等到那个同学无动于衷地离开之后,张晴才意识到自己的方法过于简单粗暴。她进行了深刻的自我反省:假如我是那位同学,我会怎么想、怎么做?想到这里,她茅塞顿开,马上又去找那位同学交流。最终,她凭着耐心、体贴和理解,成功解开那位同学的心结。学期末,张晴被评选为优秀指导员。在颁奖典礼上,她谦虚地说:"其实,我在指导员这个岗位上还很稚嫩,因此我一定要时刻保持反省进取的心态,这样才对得起老师和同学们的信任。"

作为一名刚刚毕业的大学老师,张晴并不比学生们大几岁。正是在这样的状态下,她从未以老师自居,而是坚持自我反省、不断进取,最终在工作上取得了不错的成绩。相信如果张晴始终以这样的心态行走在人生路上,一定能够获得人生的辉煌和成功。

对于任何人而言,反省都是完全有必要的。这是我们进步的阶梯,也是我们不断努力进取的方式和手段。当然,自我反省并不局限于发现自身的缺点,也包括发掘自身的优点,激发出自身的潜能。每个人都拥有巨大的潜能,这就像一座宝藏,要掌握钥匙才能打开。自我反省,就是发掘自我潜能的钥匙。女性朋友们,如果你们想要提高自身的情商,就从自我反省开始做起吧。

反问自己，才能更深刻地洞察心灵

在前文中，我们探讨了自我反省对于人生进步和发展的重要意义。也许有些朋友会问：怎样才能进行自我反省呢？的确，自我反省并非简单的事情，要想事半功倍地进行自我反省，我们需要掌握一定的方法和技巧。

自我反省的方法有很多，大多数人会在每天结束的时候总结一天的收获，并发现不足。在这种情况下，再尽量找到解决问题的有效方式和方法，等到来日弥补。这只是最粗浅的反省，可以作为一日的小结，但是对于真正的洞察心灵深处，效果并不大。当然，以此作为日常反省还是值得肯定的。

生活并不总是波澜不惊，偶尔也会掀起惊天巨浪。在这种情况下，人们会因为猝不及防的变故，心灵受到巨大冲击，也会因为事先没有准备而做出手忙脚乱的失策举动。在这种情况下，倘若后果严重，我们必然要进行深刻的反省。有的时候，在面临人生的重要抉择时，我们因为不了解自己内心深处的真实想法，所以不敢仓促作出决定，同时也会不断地深刻反思，洞察灵魂。每当这时，我们就需要采取反问自己的方式，进行心灵的反思和拷问。

毋庸置疑，拷问自己的灵魂是很残酷的，因为我们必须深度剖析自己，而且要毫无掩饰地批判自己，唯有如此，反省才能深刻、到位。通常情况下，女孩很难对自己下这样的"狠手"。然而，一个真正高情商的女孩，一个想要获得圆满人生的女性，终究会让理智战胜感情，作出坚定不移的选择。

露西是大城市中平凡的一个打工者，为了上班方便和生活便利，她在公司附近的繁华地段租了一间公寓。但是由于公司地处繁华商圈，这里的房子租金很贵，露西打工赚的钱在付完房租后仅能勉强应付日常开销，一点储蓄也留不下来。后来，露西遇见了想要共度一生的伴侣，生活开销更大。考虑到日后共同生活的需要，露西和爱人开始考虑买房定居的事。

但是，目前的生活虽然左口袋进、右口袋出，却也是无债一身轻的。她的爱人与她一样是工薪阶层，一样没有存下多少钱。若是买房，不仅没有首付，还必然要背上贷款，露西陷入了苦恼。她在心中问自己：我真的想要自己的房子吗？答案是肯定的。她继续反问：我真的存不下钱吗？答案是否定的，她可以暂时牺牲交通和生活的便利，与爱人合租一套更便宜的房子来存首付。这样还不够，即使和爱人共同承担，之后的贷款也是一笔不小的开支，这笔钱从哪里来呢？露西问自己：我还有可以努力的空间吗？我还可以赚到更多的钱吗？左思右想，她认为自己可以向老板申请加工资，如果被拒绝，再提出周末加班的条件，如果还不成，就多找一份兼职。幸运的是，老板考虑到露西以往的良好表现，不等露西提出周末加班的条件就给露西加了工资。在此基础上，露西又找了兼职，在一段时间后终于实现了自有住房的梦想。

这番反问让露西认识到了洞察心灵的重要作用。在工作和恋爱中，露西也运用起了这一工具，于是在工作任务上越干越得心应手，与爱人的关系也越来越甜蜜。试想，若是露西在面对困难时首先想到的是逃避和退缩，那么没有储蓄和稳定住房的问题一定会始终悬而未决。只有反问自己，才能更深刻地洞察自己的心灵，了解自己真正的愿望，也才能更清楚地剖析问题，最终解决问题。

在面临生活中的困难时，女孩们也可以通过不断反问的方式解决难题。生活中，有很多人每天都忙忙碌碌，最终却一无所获。我们必须经常反思自身，找到问题的症结所在，通过改变自己最终改变身处的环境。

勇敢面对和剖析自我，才能反思进取

人的本性就是趋利避害，现实生活中，大多数人希望获得成功，很少有人能够真正坦然地面对失败。实际上，人是不完美的，人生也不会永远一帆风顺。尤其是面对变幻莫测的人生，一时作为强大的人，一时又作为弱小的人，我们的角色总是在不停转换，也因此难以避免地会面临各种各样的坎坷和磨难。在这种情况下，如果因为自身的不足就轻易放弃，人生无疑会处于永远的困境之中，无法进步。相反，真正的强者不会因为遭遇小小挫折就放弃，而是会勇敢面对自我、剖析自我、客观认识和辨识自我，如此不断反思、不断进取，迎来人生的辉煌。

也许每个女孩从小就有一个公主梦，都希望自己是处处顺遂如意、完美无瑕的公主。即便长大成人后，她们依然有着"完美"的梦想,希望自己的人生能够一帆风顺下去,希望自己能够心想事成,获得成就。然而,理想很丰满,现实很骨感,真正的完美只存在于梦想之中。作为一个高情商女人,我们不应该盲目追求完美,而要理智接受自己,客观评价自己,发自内心地悦纳自己,才能不断成就自己,最终获得成功。

莉莉是个非常优秀的女孩,不但蕙质兰心,而且学习成绩也很好,是学校里的佼佼者。不过,莉莉有个缺点,那就是她好胜心强,特别喜欢嫉妒他人。比如前段时间,莉莉和小娜一起作为班级代表,参加学校举行的演讲比赛。因为各种各样的原因,莉莉在演讲比赛中失利,只得了三等奖,和她同去的小娜却得到了一等奖。为此,莉莉非常失望,也对小娜的成功愤愤不平。她原本和小娜是好朋友,却因此整整一个星期不搭理小娜,更没有像大多数同学一样向小娜表示祝贺。就这样,原本的好朋友变成了陌路人。

后来,老师得知此事,语重心长地对莉莉说:"莉莉,你很优秀,但是没有人会在各方面都获得成功。每个人都有自己擅长的领域,也有自己不擅长的领域,一个真正优秀的人，不但能够接受自己的成功，也能真心祝贺他人获得成功，更何况这个人还是自己的好朋友呢！等你步入社会，就会发现你不可能在每个方面都获得成功，所以你要学会真诚地祝福他人，为他人取得的成功高兴。"听了老师的话，莉莉懊悔地不停点头，后来她主动和小娜和好。从此之后，她在班里的人缘越来越好了，也得到了大多数同学的认可和支持。

> 一个优秀的人，不但能够接受自己的成功，也能真心祝贺他人获得成功。

女人是感性的，尤其是涉世未深的女孩，更容易受到情绪和情感的左右，做出冲动之举。事例中的莉莉因为妒忌心强，即便对于好朋友的成功，她也无法接受。倘若这样的缺点不及时改进，那么日久天长，她在走入社会之后，一定会吃足苦头。

当然，除嫉妒心强之外，有些女孩还会自卑，并且喜欢攀比、崇尚奢侈消费、爱面子等，这些都是人性的弱点。明智的女孩在发现自身的这些缺点之后，一定会及时改进，从而实现自我提升和完善。总而言之，我们必须记住，一味地逃避永远也解决不了问题，唯有勇敢面对、积极改进，我们才能更上一层楼。

第04章

做情绪的主人
——主宰情绪才能主宰人生

乐自我，拒绝受到他人不良情绪的影响

所谓一个篱笆三个桩，一个好汉三个帮。秦桧还有几个好朋友呢，更何况我们呢！众所周知，多个朋友多条路，多个敌人多堵墙，正是在这种思想的影响下，每个人都前所未有地重视人际关系，也希望自己能够拥有好人缘。现代社会，每个人都是生活在人群之中的，除了与朋友亲密接触，我们还难以避免地要与形形色色的人打交道，如亲人、同学、同事等。总而言之，没有任何人能够做到完全独立于世，不依靠任何人生活。那么，我们认识的人越多，就一定能够得到越多的帮助和收获吗？其实不然。

抛开他人有可能存在的恶意不说，每个人的脾气秉性是不同的，行事作风也迥然相异。我们唯有通过与他人多接触、多了解，才能真正熟悉他人，了解他人的脾气秉性，也才能寻找到与他人正确的相处方式。

尽管人们常说良师益友，但现实情况是，并非所有的朋友都能帮助我们成长。我们常常受到他人不良情绪的影响，成为他人情绪的垃圾桶，导致自身情绪也变得消沉低落。人很容易受到情绪的感染。有的时候，这种内心的变化我们根本毫无觉察。因此，当我们意识到某个人会带来负能量时，一定要及时远离对方。宁可少一个朋友，也不要让自己受到影响，意志消沉。所谓近朱者赤，近墨者黑，也体现在情绪方面。

要想主宰自己的情绪，我们就要乐自我。当然，这里所说的乐自我并不是指要远离他人、拒绝他人，也不是指明哲保身。而是说，我们要保护自己的情绪不受负面影响的侵害，也要更加慎重地对自己的情绪负责，因为每个人的人生都是属于自己的。对于大部分女性朋友而言，要想做到这一点，一定要有主见。当然，我们也需要积极采纳和综合参考他人意见，但是这并不意味着我们要失去主见。归根结底，只有我们才最了解自身的情况，别人的意见只能作为参考，而不能全盘照搬。率性的人生，就是要遵循自己的个性，活出最真实的自我。

叶子是个非常喜欢交朋友的人,不管走到哪里,她的身边都簇拥着很多朋友。然而,对于一个原本很喜欢、刚刚结识的朋友,叶子近来却有意识地疏远对方。这到底是为什么呢?

前段时间,叶子和这个朋友一起去餐厅喝茶。在聊天的过程中,这个朋友一直都在向叶子诉苦,不是说公司里的同事不够好,就是说自己的人生了无希望,活着没意思,要不就是抱怨父母没有给她优越的生活条件。叶子渐渐厌烦起来,起初她还试着劝说这个朋友几句,后来却有些不耐烦。好不容易结束了聚会,叶子如释重负,赶紧逃离。后来,她和闺蜜说:"你不知道,我可算见识了损友。我每次和那个朋友见面,马上就会感觉原本阳光明媚的心情,突然间阴云密布,甚至在她不停抱怨时,我也觉得自己的人生灰暗起来。"闺蜜笑着说:"看来你的正能量还是不够强大,不然不至于这么轻易被他人影响啊!"

闺蜜的话使叶子陷入沉思,的确,要是自己的内心足够强大,何必害怕被对方洗脑呢!想到这里,叶子信誓旦旦地说:"你说得对,我下次一定要以自己的正能量影响她,而不是总被她的负能量团团包围住。"

每个人都是独立存在的个体,其人生观、世界观、价值观等,并不完全相同。在与他人交往的过程中,我们难免受到他人潜移默化的影响;同样地,我们其实也在影响着他人。在这种情况下,我们当然要远离那些向我们传递负能量的人,同时也应该积极发挥自己携带的正能量,影响他人。要想不被他人的情绪左右,我们一定要坚持自己的主见,更加合理地控制和驾驭自己的情绪。

如今,很多人把"淡定"二字挂在嘴边。其实,很多人无法做到真正淡定。所谓淡定,就是不以物喜,不以己悲,能够从容地过着属于自己的生活,也对自己的选择无怨无悔。遗憾的是,许多人总是盲目追随和模仿他人,根本找不到自己的人生方向。还有些人过于在乎他人的评价和意见,以至随波逐流。女性朋友们,从现在开始努力修炼吧,控制自己的情绪,让自己成为一个心平气和的淡定女人,这样你才能拥有精彩洒脱的人生。

当然，需要注意的是，每个人都会或多或少受到外界的影响，因而我们也无须为此大惊小怪。只要坚持自我，把外界对我们的影响保持在合理范围内，我们就能够活出自己的精彩。

清理情绪垃圾，让快乐相随

现代社会，职场上的竞争日益激烈，人们承受的各类压力也越来越大，因此许多人产生了形形色色的不良情绪。假如不及时对这些情绪进行清理，日久天长，它们一定会滋生出一系列棘手的问题。这不仅是个人的问题，因为情绪是会传染的，一个人的不幸福会成为一家人的不幸福，进而导致整个社会不安定、不团结、不和谐。在这种情况下，我们还谈何幸福呢？

从个人的角度而言，假如始终任由自己的心灵背负着沉重的负担，最终也许会不堪重负，更有甚者，会彻底崩溃。就像一架机器在运转过程中始终坚持维修和保养，它就能良性运转很多年，人的情绪也同样需要定期维护和保养，以保持良好的状态。否则，一旦积劳成疾、积重难返，再想采取手段修理，就事倍而功半了。

许多家庭会在年末的时候进行大扫除，不仅清除一年来的污垢，也丢弃很多废弃不用的物品。的确，人们总是在不停地购买新的物件，假如用坏的、过时的、被淘汰的东西不及时扔掉，那么家里最终就会变成一个巨大的垃圾场，无处下脚。心灵也是如此。在繁重的生活中，我们的心灵不断滋生不良情绪、负面情感，作为心灵的主人，我们完全有义务也有权利清除这些情感垃圾，这样才能让我们的内心窗明几净，从而更好地享受生活，轻松地拥抱快乐。

一对夫妇结婚没多久，妻子就发现丈夫有了外遇。此时，妻子已身怀六甲，想要离婚，又舍不得肚子里的孩子。最终，在丈夫真诚的忏悔下，她选择了原谅。

很快，他们的孩子诞生了。随着孩子的到来，家庭生活也变得紧张忙碌，为着这个小人儿，夫妻二人都开足马力，创造美好的生活。妻子负责在家养育孩子，丈夫负责努力挣钱养家，倒也相安无事。然而，就在孩子半岁的时候，妻子突然发现丈夫每次接电话都要去卫生间或者厨房，还会关上门。妻子不由得犯了疑心病，一下子想起一年前丈夫的出轨行为，最终忍不住在丈夫洗澡的时候偷偷翻看丈夫的通话记录和短信。尽管毫无所获，她还是不能完全信任丈夫。随着负面情绪的不断积压，她最终爆发了，歇斯底里地和丈夫大吵了一架。面对妻子的质疑，丈夫委屈地说："每次接电话的时候，宝宝都在睡觉，我当然要去卫生间或者厨房关上门接电话，这样就不会吵醒他啊。"妻子将信将疑，望着尚在襁褓的孩子，她再次决定退让。然而，这种厌恶、焦虑、委屈、仇恨的负面情绪不断积聚在她的心里，但凡丈夫有一点儿让她看不过眼的事，她就会大发雷霆，并翻起旧账来。时日长了，丈夫心里也憋了火，连对孩子也不管不顾起来。孩子夹在两个大人的矛盾中，无所适从，竟然小小年纪就患上了抑郁症，整个家庭都陷入痛苦的深渊。

　　这个故事是一个极端的例子，但是日常生活中，夫妻双方有矛盾是常事。如何处理这些矛盾，能否使过去的矛盾真正翻篇，是婚姻能够幸福的关键。在这个故事中，丈夫出轨固然是犯了大错，但妻子的处理方式也未尝没有问题。面对丈夫的出轨和可疑的举动，妻子选择了原谅和忍让，但是她并没有真正放下。事实上，她是暂时地妥协了，她心中的各种情绪还在不断翻滚，以至像雪球一样越滚越大。

当真正的情绪没有得到表达时，越来越多的争吵变得隔靴搔痒。证据就是，每次吵架变得不是就事论事，而是不停地翻旧账。负面情绪就像堆积如山久未清理的垃圾一样，散发出腐烂的恶臭。

每个人都想要轻松地生活，只是事到临头，总有许多的不得已和不自由。卢梭说："人生而自由，却无往不在枷锁之中。"这就是由于道德礼法、社会规则要求我们有时要压抑自己的某些情绪，限制自己的某些行为。然而，高情商的女孩知道如何放下心灵的沉重负担，及时对心中积累的负面情绪做断舍离。不能够对陌生人发泄的怒气更不应该发泄在亲近的人身上，对他人展现的笑容也不该对自己吝啬。唯有时常清理心中的情绪垃圾，快乐才会常伴我们左右。

情绪也有阴晴，掌握预报及时调整自我

常言道，五月的天，孩子的脸。其实，不仅天气有阴晴风雨，人的情绪也如同反复无常的天气一样是有阴晴的。尤其是感情细腻的女孩，也许前一分钟还是阳光明媚，后一分钟就因为莫名其妙的原因，变得晴转多云，甚至狂风暴雨。不过也无须担心，因为雨后很快又会天晴。

人的情绪具有不稳定性，而这一点在女孩身上更为明显。举个简单的例子：一个单身女孩兴冲冲地参加好朋友的婚礼，原本非常高兴，但当想到自己至今还形单影只时，也许她马上就会变得沮丧。然而，在好朋友们一起疯狂玩乐的情况下，也许她又会很快地消除郁闷的情绪，尽情和朋友们狂欢。

随着对情绪了解的逐渐深入，我们渐渐意识到，不管是积极的情绪还是消极的情绪，都不会长久地驻留在我们的心头，而是会很快消散。当然，即使情绪反复无常，但也是有规律可循的。只要我们做到认真细致、体察入微，就能够捕捉到情绪改变的预兆，从而更好地把握情绪，进行自我调整。细心的女性会发现，积极和消极情绪的表现截然不同。当我们拥有积极的情绪时，哪怕是面对挑战和困境，也能鼓起勇气勇往直前。反之，当我们身陷消极的情绪时，难免会沮丧失望，不管做什么事情都提不起精神来。如此一来，我们怎么可能拥有振奋的人生呢？

人们常说，冲动是魔鬼，生活中的很多悲剧之所以发生，的确与冲动有着无法摆脱的干系。当情绪毫无预兆地涌上心头时，我们会被驱使着做出许多令自己追悔莫及的事情来。由此来看，掌握情绪的晴雨表，及时调整自己的情绪，才能理智地作出正确的选择。当然，这并不代表着我们要时刻保持心如止水。

正如阳光能够愉悦身心也会晒裂田地，雨水会淋湿头发也能滋润庄稼，各种情绪都有着自己的作用。及时地调整和利用自己的情绪,是指要根据任务需要引导情绪为我们服务,时常清除不利于健康生活的情绪垃圾。例如,工作时需要激情,生活中需要热情,因此,积极正面的情绪成为最大的驱动力,给予我们克服困难的强大力量。

需要注意的是,每个人的情绪都有自身的特点,因而我们要想了解自己的情绪,应该客观认知和评价自己。只有更加深入地了解自己,我们才能揭开情绪的神秘面纱,驯服情绪这匹野马。

倩倩最近正在和男朋友闹别扭,起因是她总是动不动就发脾气。热恋时,男友顺着哄一哄,两人很快又如胶似漆了,但是随着激情退去,男友也渐渐受不了倩倩的善变了。两人在不同的地方上学,不能经常见面,就每天打电话、发微信联系。但是自从上次吵架后,眼看着男友已经三天没有联系自己了,倩倩越想越生气,但也不想主动打电话,于是通过微信发了一大段声色俱厉的话给男友。

谁想,男友是铁了心要晾一晾倩倩,竟然过了好几小时也没有回复。倩倩看着微信聊天记录里那些无遮无拦、刺痛人心的话,心里有了几分后悔。其实,在发泄了一通怒气后,她已经察觉了一些自己的无理取闹,但是她还不想服软。于是她绞尽脑汁地又想出了男友的一些错处,编了些傲慢的话发给男友。

结果男友只回复了一句话:"知道错了?"倩倩的怒火一下子就被这句话点燃了,她几乎忍不住就要在屏幕上飞舞起手指,把各种恶毒的话都宣泄出来。好在她突然就意识到自己的情绪又失控了。她深吸了一口气,决定转换一下心情,避免一直沉浸在口出恶言的冲动之中。她放下手机,和朋友约着出去逛了逛街,看了电影,调整好了自己的情绪。她发现,其实她的坏心情不一定都要宣泄给男友,她可以自己调整好情绪,并且在这段关系中表现得更成熟。

当倩倩再打开微信时,她发现男友又给她发了一段话,表达了对她的反复无常的无奈和愤怒。如果是往常,倩倩一定立刻就会揪住男友的这种"指责"大发脾气,但是这回,虽然倩倩心里还是有点不高兴,但她及时地调整了这种情绪,甚至主动地承认了自己的错处。

男友十分意外倩倩的这种转变,他很快给倩倩打来了电话。两人进行了长谈,倩倩好几次就要忍不住又爆发情绪,但都通过深呼吸、转移注意力的方式调整了。在揭开情绪的面纱后，倩倩发现自己能够更加清晰地看待男友的话语和行为，对自己的幸福也更有掌控感了。

生活中，很多女孩会受到情绪的影响，有些缺乏理智的女孩，就在冲动之中葬送了自己的幸福。其实，只要我们真正了解自己的情绪特征，能够做到像在交通信号灯的红灯面前一样宁停三分不抢一秒，冷静之后再妥善处理问题，我们的情商必然越来越高，也会远离低情商的冲动行为。除此之外，一个能够主宰自身情绪的女孩，不但能够做到善待自己，也能够做到使他人觉得舒服。特别是在遭遇危机的情况下，能够控制情绪的女孩就相当于掌控了大局。由此一来，自然能够拥有良好的人际关系，也使自己的人生更顺遂如意。

自我管理，梳理情绪才能获得幸福

说起管理，很多女孩一定觉得纳闷：我们既不是领导，也不是高管，哪里需要管理什么呢？没错，你看到的这个标题完全正确，在此，我们需要管理的是自己，而不是他人。一个人要想获得幸福，就要主宰情绪；要想主宰情绪，就必然要进行合理的自我管理。也许有些朋友会觉得好笑，自己是我们最熟悉的人，也是我们的本体，怎么还需要管理呢？其实，自己也恰恰是我们最陌生的人，和应对他人与外界相比，管理好自己更需要我们付出巨大的努力。从这个角度来说，我们必须学会自我管理，才能距离幸福的人生更近。

作为电器公司的售后客服，小雅进入公司一年多之后，就被提拔为客服主管。对此，同事们全都心服口服，没有人因为小雅入职时间很短就得到升职而感到不公平。原来，这一切都归功于小雅的出色表现。

小雅原本是一个脾气暴躁的人。不过，自从她决定去售后部门工作之后，她就决定改变自己。曾经说起话来如同连珠炮且大嗓门的她，变得温和细腻，即便客户态度恶劣，她也绝不抱怨。有一次，公司总部派下来暗访人员，以莫名其妙的借口对着小雅一通抱怨，当时，很多同事都恼怒了，唯独小雅依然和颜悦色地说："您好，我很理解您的心情，毕竟买了家电出现质量问题，不但要在经济上承受损失，最重要的是还要花费时间和精力处理问题。您看这样好不好，我会第一时间安排售后人员去您家里，为您的电器免费检修。如果的确是质量问题，我们会无偿为您更换。如果过了换货

期，也会无偿为您维修。总之，一定让您满意，也尽量少浪费您的宝贵时间。"听到小雅这么说，那个故意刁难的"客户"自然也不好意思继续纠缠，再加上小雅始终笑脸相迎，他只得同意小雅的解决方案。在一个月之后公布这次总部"微服私访"的结果时，小雅在全国一百多个售后服务店的众多客服中名列第一。可想而知，她被提升为本地的售后主管也是情理之中的事。

在这个事例中，下决心要做好售后服务工作的小雅，一改暴躁的脾气，努力提高自己的情商，竭尽全力管理好自己的情绪。她很清楚售后工作难免经常受气，因为每一个需要售后服务的客户心中都必然有着或大或小的怒火。她做好了准备，所以才能兵来将挡、水来土掩，始终以满面春风的微笑，帮助顾客做好售后服务工作，竭力令顾客满意。

其实，不仅从事售后工作的女性需要调整好情绪，做好自我管理；即便是在日常生活中，我们也需要梳理自己的情绪，怀着积极乐观的态度面对人生，畅享人生。康德说，生气是拿别人的错误惩罚自己。生活本就艰难，既然如此，我们为何还要与自己过不去呢？当我们心中释然，对于人生中一切的突发事件和不平等待遇也都能够做到平静相对时,我们的人生自然会进入更高的境界,我们也能够得到更加豁达从容的幸福。很多女性朋友往往会犯小心眼的毛病,这些朋友更应该记住一个道理:世界在你的心中。要想拥有开阔的人生和广阔的天地,我们就必须打开心胸,放眼未来!

及时调整情绪，不再歇斯底里

不管是在生活还是在工作中，也不管是在顺境还是逆境中，情绪总是与我们如影随形。它无处不在，无时不在，影响着我们人生的方方面面。毋庸置疑，大多数人在一生之中的大多数时候，还是拥有平和情绪的。但是人生总有意外，还会有突如其来的灾难，这种情况下，只有内心真正强大的人才能做到坦然以对。大多数人别说面对灾难了，即便只是面对人生的小小不如意或者他人的误解，也会马上歇斯底里，点燃情绪的导火索。

每个人都要对自己的情绪有一定的预知能力，而且要及时做出预案。这样，在情绪突然爆发时，我们才不至于手足无措，也能够有效避免因为情绪冲动而遭遇巨大损失。怒火中烧、歇斯底里，甚或是气得七窍生烟、口吐鲜血，也都于事无补。要想真正解决问题，尽量避免损失，唯有保持情绪的头脑，想出理智周全的办法。

常言道，冲动是魔鬼，这句话非常有道理。经常关注网络新闻的朋友们会发现，很多邻居之间，甚至是夫妻、父母子女之间发生的悲剧，都与情绪冲动有着密切关系。在盛怒之下，哪怕有一方能够控制好内心的怒气，也许就能够避开彼此情绪的疯狂阶段，给彼此时间恢复冷静。细心的朋友们会发现，盛怒之下的想法，一旦过了那个时间点，甚至仅是过去几分钟、几小时、一个晚上，就会彻底改变。也正因为如此，人们才总说时间是治愈创伤的良药。哪怕是刻骨铭心的伤害，只要假以时日，也定然能够渐渐淡忘，甚至愈合。这就是时间的魔力。从这个意义上来说，当我们情绪冲动的时候，最好的办法就是冰冻自己的情绪，不在情绪的驱使下做任何事情，努力帮助自己恢复平静，也让自己得到最佳的心理治愈。这不仅是原谅别人，更是宽容自己的表现。

调节情绪的方式有很多，如通过意识进行积极的自我暗示，通过语言开导和劝慰自己，通过转移注意力的方法让自己忘记愤怒，也可以做一些让自己心情愉悦的事情，还可以设身处地地为对方着想。只要功夫深，铁杵磨成针。只要不想因为一时冲动酿成大祸，我们总能够找到适合自己的方法平复情绪。

最近这段时间，王娟对于丈夫刘强极其不满意。原来，因为王娟此前不满刘强的工作太辛苦，无暇照顾家庭，所以刘强刚刚换了一份工作。这份工作朝九晚五，不需要加班和出差，这样刘强就能每天按时下班，回家陪伴王娟和孩子了。不过，问题也随之而来，那就是刘强的工资收入锐减，每个月家庭整体收入就减少了三千多元。原本，作为掌管家中财政大权的当家人，王娟每个月都能存下几千块钱，现在每个月却只能保持开支平衡，根本没有余钱。这不，这样的日子才过了几个月，王娟就从刘强每天按时下班的陪伴幸福中跌落出来，她开始喋喋不休："你看看，我妹夫比你年轻十岁，每个月挣得可比你多多了！"一开始，刘强还能忍受，随着王娟的唠叨越来越频繁，他不由得怒火中烧："早知如此，何必当初呢！是谁让我换工作的？"王娟自知理亏，却无理辩三分，丝毫不甘示弱："怎么啦？我看那些大富翁每天都很清闲，难道你夜里不睡觉一天二十四小时都上班，就能赚到钱了吗？自己无能，就从自己身上找原因！"

听到"无能"二字,刘强气得摔门而去。王娟却不依不饶,继续发信息责骂刘强:"你呀,对于这个家可有可无,有和没有都一样,爱去哪儿去哪儿,最好别回来了!"刘强看到信息气得浑身发抖,一个字也没有回复王娟。当天晚上,他住在朋友家里,没有回家。此后一连好几天,他都像人间蒸发了一样,毫无音信。王娟不由得着急了,给亲戚朋友打电话,他们都表示毫不知情。此时,王娟才意识到自己的错误,觉得自信己就像是一条歇斯底里的疯狗。她想起了刘强对待她和孩子的温柔,不由得追悔莫及。

在这个事例中，王娟显然被愤怒冲昏了头脑，和自己所爱的人说话时，根本不假思索、口不择言。倘若她能够冷静思考，意识到凡事都不可能两全其美，也意识到每个人都有自己的优点和长处，也许就不会看自己曾经深爱的刘强那么不顺眼。直到刘强人间蒸发，她才惊慌失措，却不知道那一句句尖酸刻薄的恶毒之言，带给刘强的伤害是永久的。

日常生活中，夫妻之间斗嘴、吵架都是常有的事情。拥有高情商的女性往往能够做到以柔克刚，不会和爱人硬碰硬。就像事例中的王娟，虽然逞了一时的口舌之快，但是原本幸福的婚姻生活因此扎上了一根刺，甚至还有可能因此葬送，不得不说损失惨重。假如王娟能够学会平衡自己，也能够体谅丈夫，她就不会不分青红皂白地抱怨，最终伤了丈夫的心。

女性朋友们，假如你们也经常受到情绪的驱使，做出失控的事情，那么一定要从看到这篇文章开始，努力调整自己的情绪，千万不要因为冲动，做出让自己后悔的事情来。所谓说出去的话，泼出去的水，说些逞强、伤人的话，除了伤害感情，没有任何好处。真正拥有高情商的女孩，真正理智明智的女孩，绝对不会口无遮拦、口不择言。要想在人群中出类拔萃，就让自己成为一个高情商的女孩吧！当你成为情绪的主宰时，你会发现自己同时也成了整个世界的主宰。

第05章

大智慧总是在坎坷中表现
——提高逆境情商,应对人生挫折

人生不如意十之八九

常言道，人生不如意十之八九。现代社会，女性朋友不管是在家庭生活中还是在职场上都与男性平分秋色，因而生活的不如意也平等地摆在了女性朋友面前。实际上，挫折并不像我们想象中的那么可怕，只要我们提高自身的情商，做到胜不骄败不馁，积极面对人生中的一切坎坷和挫折，就能突破自我，爆发出强大的力量，战胜人生中的一切苦难。

当你行走在熙熙攘攘的人群中时，可曾想过经过你身边的人，也并非是事事如意的。他们看起来或者光鲜亮丽，或者衣衫褴褛，或者眉飞色舞，或者垂头丧气，但是在内心深处，他们都有各自不为人知的烦恼。生活就是如此，无论我们采取怎样的姿态，都不可能完全顺遂地度过一生。除了坎坷挫折，我们还必须打起精神来面对不期而至的灾难，甚至是致命的打击。

然而，尽管挫折给人们带来痛苦，但它也是人生的试金石。所谓宝剑锋从磨砺出，梅花香自苦寒来。假如我们自始至终只品尝到生活的甜，那么也就无所谓甜。正如丑才能衬托美，生活的甜蜜也需要在苦难的衬托下才更加打动人心，使人珍惜。很多女性朋友抱怨命运的残酷，抱怨自己没有得到上天公正的对待。实际上，命运对每个人都是一视同仁的，并不会特别折磨谁，也不会特别偏爱谁，只能说一切都是最好的安排。例如，海伦·凯勒在19个月大时因为突如其来的一场疾病失去了听力和视力，从此陷入黑暗无声的世界里。后来在莎莉文老师的帮助下，海伦·凯勒最终走进学校，完成了大学学业，成为一名作家，还为更多的残疾人四处奔走。她所创作的《假如给我三天光明》等作品，给全世界的人带来了鼓舞和力量。

从海伦·凯勒的人生经历中，我们不难看出，有些挫折看起来是致命的，但是只要我们不屈服，也许反而能够让生命在压力之下释放出璀璨的光芒。就像海伦·凯勒，如果她始终是个健康的孩子，拥有视力和听觉，那么也许她的一生会很普通，也会非常顺遂如意，但绝不会这样璀璨耀眼。疾病改变了她的人生，使她跌入人生低谷，她的坚强又使这种磨难变成了人生的历练，最终让她闻名世界，为无数人树立了优秀的榜样。

女性朋友们，和海伦·凯勒相比，你们还觉得自己的人生很悲催吗？也许你们承受着更大的苦难，也许你们只是因为对生活不满意才怨天尤人。无论出于何种原因，从现在开始，努力成就自己的人生吧。要相信，命运掌握在你自己手中，任何时候，你都是自己人生的主宰！

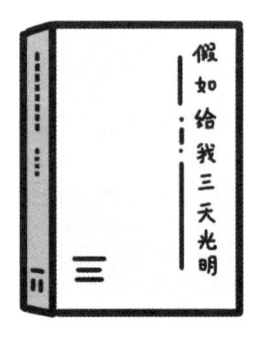

学会放弃，它和坚持一样必不可缺

每个人都有欲望，可以说欲望是人的本性。但有时，我们想要的太多，想得到的太多，不懂得放弃。此时，欲望就变成了贪婪。其实，对于人生而言，放弃和得到同样重要。懂得放弃的人是明智的，能够适时放弃的人是真正的强者。

常言道，鱼与熊掌不可兼得。人生路上，我们受到欲望的驱使，希望得到很多东西。然而，偏偏我们不能把全天下的好东西都揽到自己的怀里，更不可能占尽所有的好时机。每当这时，我们必然面临艰难的抉择。很多事情并非我们心想就能事成的；很多东西我们得到了，未必就是幸福。尤其是当形势千变万化的时候，我们唯有顺应形势作出最理智的选择，才能得到圆满的结果。面对单相思的爱人，与其不顾一切地占有，不如洒脱地放弃，因为爱是无私的付出，不是自私的占有。面对太多想要得到的东西，与其念念不忘，折磨自己，不如选择彻底放弃，反而能够豁然开朗。

人生就像是一次攀登的过程，假如我们从山脚下出发时就负担沉重，那么不等到达山顶，我们就会因为不堪重负而苦不堪言。曾经，有位年轻人问得道高僧，如何才能轻松快乐地生活。得道高僧告诉他："背起背篓去爬山，把你认为好的石头放进背篓中。"年轻人一路往山上攀爬，看到好看的、奇异的石头就捡起来，扔进背篓里。等到了半山腰时，他就已经气喘吁吁了。他好不容易才到山顶，累得一屁股坐在地上。此时，高僧正在山顶等他，问："有什么感觉？"年轻人说："累！"高僧又说："从现在开始下山吧，每下

一个台阶,就扔掉一块石头。"年轻人照做了,到了山下,他浑身轻松。高僧这才说:"人生路上,不背负太多,自然觉得轻松。"

大学毕业后,为了找到合适的工作,小敏参加了计算机培训班和英语口语提升班。经过为期三个月的学习,她的英语口语能力和计算机水平都大幅提高。在找工作的过程中,小敏先是得到了一家公司的面试通知,也顺利获得了工作机会。正当她准备去报到时,突然又得到另一家公司的面试邀请。这家公司是世界五百强企业,也是小敏一直都很心仪的。偏偏第二家公司的面试时间和第一家公司的报到时间完全重合,小敏为难极了,犹豫不决,不知道自己应该直接去上班,还是去参加面试。如果直接去上班,她怕错过第二家公司的好工作;如果去第二家公司面试,万一不能通过,她又害怕请假会导致失去工作。

看到小敏纠结的样子,妈妈拿出两个西瓜摆在小敏面前,说:"你抱起一个西瓜。"小敏按照妈妈的指示抱起一个西瓜。然后,妈妈又说:"你再抱起一个西瓜。"小敏为难地看着妈妈,说:"西瓜这么大,我怎么可能同时抱住两个呢!"妈妈笑着说:"对啊,西瓜这么大,你根本没法同时抱起两个。你只能把第一个放下来,才能抱起第二个。"小敏恍然大悟。她选择去第二家公司面试,因为更高的起点能够给她更美好的未来,而且那也是她心仪已久的公司,是个千载难逢的好机会。

我们总是想要得到所有想要的,而不想错过任何东西。殊不知,这是根本不可能的。就像小敏无法同时抱起两个西瓜一样,我们也不可能同时拥有一切自己想要的东西。我们唯有问清楚自己的内心,知道自己真正想要得到的是什么,才能作出合理的选择,适时放弃。有的时候,放弃比得到需要更多的智慧,也能够给我们的人生带来意想不到的惊喜。

就像电脑里的回收站需要常常清空一样,我们也要及时清除自己的欲望,唯有如此,我们的心灵才能保持轻松,也才能以正常速度运转,不至于因为负担过重而思维迟缓。高情商的女孩一定明白这个道理,所以她们面对取舍的时候,总是能够及时果断地作出选择,也能够摒弃那些不合理的欲望,让自己在人生路上轻装上阵。

人生中，学会遗忘才能快乐永驻

生活中，很多人以自己记性好而自夸。的确，好记性不但有助于我们的学习和工作，也能够帮助我们记忆那些美好的事情，使我们的人生充满快乐的回忆。然而，若我们把好记性用错了地方，记住的都是那些让人感到遗憾和烦恼的事情，好记性还能给我们带来快乐幸福的感受吗？答案显而易见。如果我们总是记住那些让人不愉快的事情，我们的好记性就会起到完全相反的作用，使我们陷入烦恼之中，无法自拔。

现代社会，生活节奏越来越快，工作压力越来越大，人际关系也越来越复杂，人们的生活不再简单，而是变得繁杂无比。在这种情况下，女性也因为既要照顾家庭，又要兼顾工作而压力倍增，时常处于紧张不安之中，烦恼也成倍增长。殊不知，郁闷的情绪对于女性的身心健康是极其不利的。在这种情况下，如果还总是纠结于那些烦恼的事情，那么一定会生活得越来越不快乐。从这个角度而言，学会遗忘，才能快乐永驻。

一个人和朋友结伴去旅行，在海边行走时，因为一件小事，与朋友爆发了激烈的争吵。因此，他在沙滩上写下："我与某某吵架了。"后来，他们继续结伴前行，在攀登高峰时，他险些因为突如其来的山风滚落山崖，幸好朋友及时抓住他，把他拽了上来。事后，他拿出随身携带的小刀在岩石上刻下："今天，我险些丧命，是某某救了我。"朋友见状纳闷地问："你之前把字写在沙滩上，现在为什么要把字刻在石头上呢？"他笑着说："之前我们吵架，是不快乐的事情，我写在沙滩上，等到海水冲过来，字迹就会完全消

失，我也会彻底忘记那件事。但是现在你救了我，如果没有你的救命之恩，也许现在我已经没命了，所以我要把它刻在石头上，也将这件事牢牢记在自己的心里。"朋友听了感动不已。

在这个事例中，主人公不想记住不愉快的争吵，因而将其写在沙滩上。而为了牢牢记住朋友的救命之恩，他把这件事刻在石头上，也刻在自己的心里。每个人能记住的事情是有限的，若我们把更多的精力用于记住那些不快乐的事情，自然要减少对幸福快乐的记忆，当回忆往昔时，陪伴我们的也只有烦恼。相反，如果我们尽量记住那些值得记住的事情，尽快遗忘那些不快乐的事情，便能清空心灵，让自己在人生路上走得更轻松，每当陷入回忆时，也都是美好与欢笑。

女性朋友们，你们是否也曾经因为自己的超强记忆力而沾沾自喜呢？从现在开始，学会有选择地遗忘和记忆吧，因为幸福人生不但开始于记忆，也开始于遗忘。尤其是当身处逆境时，我们唯有放下思想的包袱，才能让自己内心的阴霾散去，让内心阳光明媚！

女人,你的名字不是弱者

长久以来,女性以温柔贤淑、敏感柔弱的形象示人,因而许多人对女性存有偏见,觉得女性就是软弱的代名词。即便是在提倡男女平等的今天,女性依然时常遭到歧视。无可否认,女性从生理角度来讲的确与男性有一定差距,但是从心理的角度而言,女性比起刚强的男性,有时更有韧性,也更顽强。在生活中的很多灾难面前,看似坚强勇敢的男性很容易崩溃,看似柔弱无助的女性却能始终保持进取和顽强不屈的精神。

水至柔,也至刚。它柔软无骨,哪怕只是一个小小的缝隙和孔洞,它也能够钻入、渗透进去。它可以变换成各种形态,常温成为水,遇热成为气体,遇到极寒的低温则变成坚硬的冰。由此一来,它的力量更加强大,也足以在任何情况下生存。女人似水,虽然看起来不像钢铁般坚硬,但是她们能够随时改变自己以适应瞬息万变的情况，也能够在千疮百孔之后依然鼓起勇气，重新开始。

女人的名字不是弱者。女人看似柔弱，实际上柔软的身体里蕴含着巨大的能量。正如梁静茹在一首歌里所唱的那样："我们都需要勇气，来面对流言蜚语……"我们都需要勇气，来面对人生的变幻无常和无数的惊喜、惊吓。人生就像是一次没有回程的旅途，任何时候，我们一旦迈出脚步，就再也没有回头路可走。女人很清楚这一点，因而她们落棋无悔，坦然面对人生的一切。

达娜曾经是好莱坞的女演员，不但演技绝佳，还具有极高的语言天赋，有着天籁般的歌喉。有的时候，她还主持节目呢！然而，在步入婚姻的第三年，因为"超人"丈夫的意外受伤，达娜原本幸福快乐的婚姻生活彻底结束了。因为对人生感到无望，"超人"曾经想要拔掉呼吸机，是达娜帮助他鼓起活着的勇气。达娜说："我理解你生不如死的感觉，但是我依然爱你，我始终牢记我们的婚礼誓词。如今，考验我们的时刻到了，我愿意为了你承担一切，你是否愿意为了我继续活下去呢？这是我们爱的誓言。"

为了全心全意照顾"超人",达娜辞掉工作。她每天不但要照顾"超人"的饮食起居,还要照顾"超人"和前女友所生的一对儿女,同时照顾他们不到两岁的儿子。可想而知,达娜面临着多么巨大的压力。在艰难的跋涉之中,他们一起走过了十几年。如今,他们成立的瘫痪基金会募集到了大量资金,专门用于对瘫痪病人的医疗研究和救助。对此,达娜感慨万千地说:"在灾难面前,一个家庭有可能破裂,也有可能变得更加精诚团结。我很自豪,灾难使我们全家紧密团结在一起,也使我们全都变得坚强。作为夫妻,我们虽然无法拥抱,但是我们永远心灵相依、亲密无间。"对于达

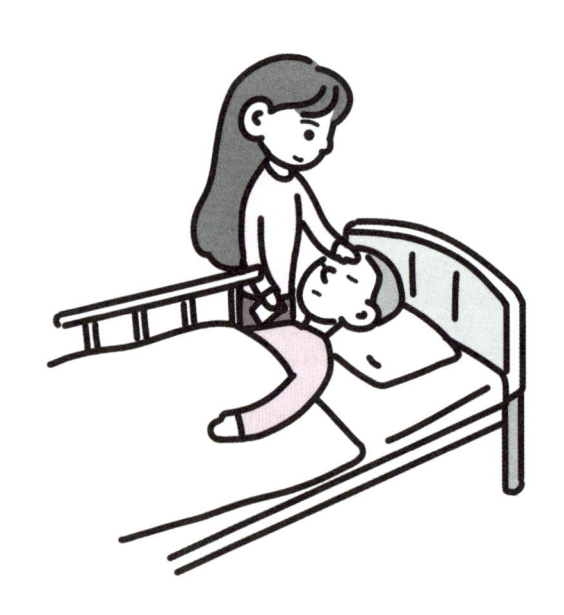

娜的表现,"超人"更是感动万分。他说:"我曾经误以为所谓的英雄就是有力量挑战不可能完成的任务,但是如今我的想法改变了。英雄,就是在处于人生逆境时依然满怀希望,充满勇气,决不放弃。很幸运,我的妻子是我们全家的英雄。"

生活中,有些人会说"夫妻本是同林鸟,大难来临各自飞"。然而,达娜对于爱情的忠贞和对于家庭的责任告诉我们,夫妻是"在天愿为比翼鸟,在地愿为连理枝"。真正心意相通、彼此深爱的夫妻,不会因为生活遭遇变故就相互离弃,而是能够在人生中最艰难的时候,执子之手,不离不弃。

在一生之中,女人不能失去勇气。面对生活需要勇气,在社会上打拼同样需要勇气。尤其是当生活遭受挫折和变故时,女人很可能会成为家庭之中的顶梁柱和精神支柱,因而女人的勇气不但能够拯救自己,也能够拯救家人,稳定社会生活。人生是如此美丽,女人的勇气则是漫漫人生路上最绚烂的风景!

人生就要一鼓作气，勇往直前

人生在世，既有顺境，也有逆境。在顺境之中，每个人都能够做到"春风得意马蹄疾"；在逆境之中，大多数人都会感受到沮丧绝望的情绪，如果不能及时调整心态，也许会就此沉沦下去。

其实，人生就像一场马拉松，开弓没有回头箭。一旦发令枪响起，我们就只能勇敢往前冲，任何的犹豫不决和止步不前都会让我们陷入失败的境地。我们绝对不能回头，因为人生是没有回头路可走的。一个真正的成功者，未必具有特殊的天赋，也未必多么优秀，很多时候他们之所以能够成功，就是因为他们不管处于人生的何种境遇，都始终坚持前行。

古人云："一鼓作气，再而衰，三而竭。"在人生之中，虽然没有"东风吹，战鼓擂"，但是也同样需要我们一鼓作气，避免再而衰，三而竭。当人生的号角被吹响时，我们只能坚定不移地朝前奔去，绝不能瞻前顾后，迟疑不定。有的时候，人生也像是一颗种子，必须努力朝着阳光、空气和水使出自己全部的力量，才能冲破厚厚的壳，也冲出泥土，开启新生命的征途。曾有人亲眼目睹过蝴蝶破蛹而出的蜕变，其实，女人又何尝不是需要破蛹的蝶呢？唯有冲破厚厚的茧，才能成为美丽的蝴蝶，享受绚烂多彩的生命……每个人的生命都绝不简单，它那么独特，拥有自己的美丽和璀璨。

也许有些女性朋友会说，人生实在是太艰难了，让人无法坚持下去。要想让人生过得更加顺遂，我们就要改变心态，不与艰难的处境对抗，而应坦然接受人生的坎坷和挫折，把它们当成人生的常态。由此一来，你会发现内心的平和与生活的美好。从某种意义上来说，没有烈火的焚烧，凤凰就不可能涅槃。没有苦难的衬托，也就没有成功的喜悦。

作为一名下岗女工，刘婷几乎对人生失去了希望。要知道，她的丈夫也只是一名普通工人，原本他们夫妇俩的工资加起来，只能勉强养活家里的两个孩子和两个老人，日子总是过得捉襟见肘，如今她突然失去了工作，日子还怎么过下去呢？看着刘婷愁眉苦脸的样子，丈夫安慰她："别发愁了，车到山前必有路。看看有些人家境比咱们更困难，不也过得下去嘛！只要咱们用心找出路，想办法，总能挺过去的。"

在丈夫的启发下，刘婷不再颓废沮丧，而是开始绞尽脑汁地想办法。有一次她路过早市，看到有人在蒸馒头，而且生意火爆，不由得想起了自己的拿手绝活：豆瓣酱。原来，刘婷家是四川的，她很擅长做各种泡菜、酱菜等，而刘婷做出的豆瓣酱，每年都得到亲戚朋友的一致好评。想到做到，刘婷马上去市场批发来大量黄豆，又买了一些酱缸，一个多月后，她的刘婷酱菜摊正式开业了。起初，刘婷因为没钱交摊位费，只能走街串巷、沿街叫卖。后来，随着生意越来越好，刘婷在市场里租下来一个小小的摊位，也扩大了经营范围，销售家乡的一些土特产。随着时间的流逝，刘婷酱菜的名气越来越大。然而，正当刘婷生意火爆时，有一缸酱菜变质了，没有经过卫生防疫部门的检验，导致刘婷交了很大一笔罚款。

刘婷不由得觉得心灰意冷，然而，她痛定思痛，意识到这一切都是自己的问题。所以她鼓起勇气，再接再厉，为产品质量严格把关。果然，经过一段时间之后，刘婷的经营状况好转，生意又做起来了。后来，刘婷又陆续租了几个摊位，还开办了一个小型工厂，自产自销酱菜。后来，她更是在大学毕业的儿子的帮助下，通过网络把自己的酱菜卖到了全国各地。如今的刘婷，俨然一副事业女强人的模样。

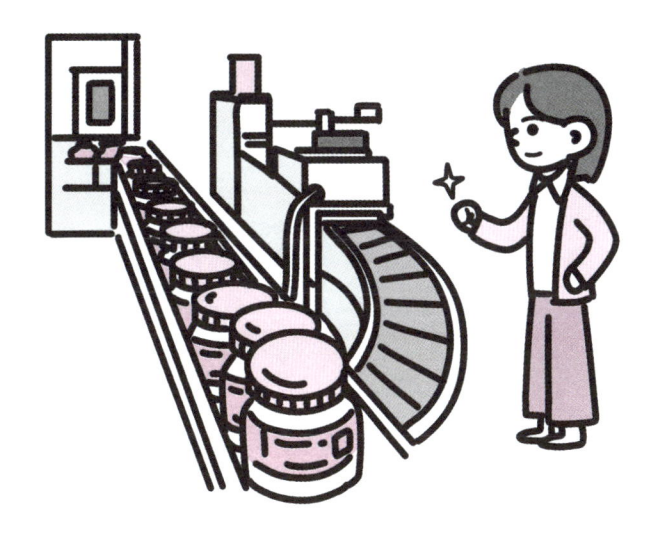

假如在下岗之后一蹶不振，潦倒度日，刘婷一定没有今天的成就。她丈夫的话说得很对，不管多么艰难，日子都要

过下去。正如一位名人说的，既然哭着也是一天，笑着也是一天，我们为何不能笑着度过人生的每一天呢！既然哀愁也是一天，奋斗也是一天，我们当然要努力奋斗度过每一天，这样至少还有成功的机会。

人生需要勇气，更需要一鼓作气、绝不回头的气魄。任何情况下，我们都必须百折不挠。命运越是残酷地和我们开玩笑，我们越是要成为顶风傲雪的梅花，绽放出浓郁的香气。在女性的勇气面前，在女性一往无前的气势面前，相信困难一定会悄然隐退，成为我们的手下败将。

第06章

人脉是现代社会的最大资源
——女孩的交际情商必不可少

每个女孩，都需要一个值得信任的闺蜜

每个女孩不但需要有异性朋友，更需要有同性朋友。这样，当心里有话无人诉说的时候，当异性朋友忙于事业的时候，或者是有些话不方便向异性朋友诉说的时候，我们就可以找到闺蜜尽情倾诉，而丝毫不用担心对方会不了解我们的感受。从这个角度而言，每个女孩都需要一个值得信任的闺蜜，如此才能随时随地抒发心中的情绪。

现代社会，人们的生存压力越来越大，职场上的竞争也愈发激烈。作为女孩，我们也必然有更多的烦恼需要面对。这时，我们会发现有很多心事无法向父母诉说，也不可能告诉自己的男朋友或者爱人，唯一可以倾诉的只有同性的朋友，因为只有同性的朋友才更加了解我们的喜怒哀乐，也无须我们顾忌太多。当与闺蜜分享之后，我们的快乐就会变成双倍的；当与闺蜜分担之后，我们的痛苦就会得到排遣，大大减弱。古人云，人生得一知己足矣，我们要说，人生得一闺蜜是最大的幸运。

和闺蜜在一起的日子是非常快乐的，和她们在一起可以肆无忌惮地哭，可以无所顾忌地笑。与她们一起逛街、聊天、喝茶，说些无关紧要的八卦和生活琐事。总而言之，闺蜜之间心意相通，彼此毫无嫌隙，始终能够坦诚相待，没有秘密。某种意义上，闺蜜就是我们的镜子。曾经有人说，看一个人的底牌，看他的朋友。我们要说，看一个女孩的本质，看她的闺蜜。所谓物以类聚，人以群分，假如两个女孩能够不管在什么情况下都彼此依存，那么她们一定非常认可对方，也能够完全包容对方，甚至与对方有着无数的相似之处。

从本能的角度而言，女性都是喜欢群居的。她们天生害怕寂寞和孤独，总是希望身边有人陪伴。当两个志同道合、志趣相投的女人聚到一起，她们不但很好地温暖了对方的心灵，彼此依存着取暖，也极大地满足了自己的需求。因而，心思细腻敏感、心有千千结的女孩，更需要闺蜜。尤其是当她们处于恋爱之中时，她们就更需要与闺蜜分享自己的喜怒哀乐，甚至分享男友的一切秘密。不得不说，闺蜜的力量是无比强大的。

在旭旭漫长的恋爱马拉松中，她最好的伴侣不是男朋友马云，而是闺蜜小凤。小凤和旭旭是高中同学和大学同学，毕业后又进入同一家公司，因而她俩简直比亲姐妹更亲，也拥有深厚的友谊。

从与马云展开马拉松式的恋爱之后，旭旭就把小凤当成是自己的灵魂伴侣，不管是与马云有什么开心的事，还是吵架了，她都会第一时间告诉小凤。有一次，饱受异地恋折磨的旭旭在和马云吵架之后，不由得歇斯底里，她向小凤哭诉："看看，这就是异地恋的悲哀。要是我们在同一个地方，至少他能抱着我，那样一切的不快都会烟消云散。但是现在，我们只能挂断电话，一个生气，一个流泪，不知道什么时候才能解开心中的疙瘩。"看到旭旭伤心欲绝的样子，小凤不由得说："宝贝，别哭了，你不是还有我嘛！你想想啊，其实异地恋也有异地恋的好处，至少你们能够更多地实现精神上的沟通，还可以给予彼此更多的时间相互了解。难道你也想进行方便面式的爱情吗？今天认识，明天结婚，说不定哪天又闪离了。况且，假如你们面对面吵架，说不定还会彼此动手，大打出手呢！"小凤的话让旭旭破涕为笑。

在漫长的恋爱过程中，小凤见证了旭旭和马云的喜怒哀乐。因而当旭旭被马云牵着手走入婚姻殿堂时，她情不自禁地泪流满面："我最感谢的人是小凤。人都说千里姻缘一线牵，是小凤这个尽心尽职的调解员，让我和马云不离不弃地走到今天。"旭旭的一席话说得小凤也不由得红了眼圈。旭旭把手捧花扔给小凤，喊道："亲爱的，我等着喝你的喜酒，你一定、一定要幸福啊！"

让闺蜜当伴娘，与深爱的男人携手走入婚姻的殿堂，想想就是很幸福的事情。旭旭的恋爱，也因为有了小凤的陪伴，变得更加幸福圆满。假若有一天，旭旭再当伴娘，亲眼见证小凤与所爱的人走进婚姻，那这简直就是人世间最幸

福的事情了。

每一个女孩瑰丽的公主梦、绚烂的爱情梦,都离不开闺蜜的陪伴。因此,女孩们,假如你们迄今为止还没有一个能够掏心掏肺、绝对信任的闺蜜,就赶快去寻找吧。当你拥有了闺蜜,你也就拥有了人生至少一半的幸福!

幽默，帮助你巧妙应对冷场和尴尬

曾经有位名人说，幽默是最高形式的智慧。在社交场合，假如突然冷场，在场的人都会觉得很难堪。在这种情况下，女孩倘若能够运用幽默的智慧巧妙地为自己和别人解围，则一定能够成为社交场合的新星，赢得大多数人的欣赏和青睐。

幽默的方式有很多，需要注意的是，幽默并非是指开一些低俗的玩笑。幽默是沉着冷静，是从容智慧，是风趣诙谐，也是无形中的随机应变。在社会交际中，各种各样的情况随时都有可能发生，我们必须根据情况及时做出应对，从而消除尴尬，让冷却的场面再次恢复热度。

有一次，著名主持人杨澜应邀主持一次大型文艺晚会。

当时，她还在《正大综艺》节目中担任主持人呢，因而几乎全国观众都认识她。不想，也许是因为不熟悉场地，也许是因为地面湿滑，她在走台阶的时候不小心摔倒，滚落到台阶下面。面对着台下众多的观众，杨澜心里当然也感到紧张不安，还很羞愧。然而她不愧是知名主持人，只见她马上身姿优雅地站起来，沉着冷静地对着所有观众说："真是人有失足，马有失蹄啊！我这个狮子滚绣球还不够熟练，看来要想下台阶也不容易呢！不过，接下来的节目一定不会让你们失望，就请大家都把目光聚焦到舞台上吧！"这番幽默的话说完，观众们全都给予杨澜热烈的掌声。

很久以前，何润东参加《芙蓉镇》的杀青活动。当天，现场来了很多记者和媒体，气氛非常热烈，主要的提问都指向导演和几位主演。何润东刚刚耐心回答完一个记者的提问，突然有个记者站起来突兀地问道："听说，有个知名网站最近进行了亚洲最丑明星的排名，吴莫愁名列第一，你名列第二。你知道这件事情吗？"此话一出口，现场马上陷入尴尬。毫无疑问，这位记者是在挑衅何润东。那么何润东是如何应对的呢？正当在场的导演和演员们为何润东捏着一把汗时，只听何润东心平气和地说："这个排名和我有关，我当然知道啦！不过我觉得很纳闷，好歹我的这张脸也跟了我这么多年了，我至少应该拿个亚洲第一的名次吧，这样才算对得起它呢！"何润东话音刚落，现场就响起了善意的掌声和欢呼声。

在第一个事例中，大名鼎鼎的主持人意外摔倒，猝不及防，因而包括观众在内的所有人都有些反应不过来。幸好，杨澜非常机智，她马上风趣地调侃自己，以幽默的语言成功地转移了观众朋友们的注意力，使他们把目光再次聚焦在舞台上。在第二个事例中，面对记者的公然挑衅，何润东丝毫没有恼火，反而表现出博大的胸怀和足够的智慧。他的自嘲非但没有贬低自己，反而让在场的人都见识到他的风趣幽默、机智大度。由此，何润东也树立了自己的正面形象。尤其是在现场所有导演和演员都十分尴尬的情况下，何润东还成功打破冷场，使现场再次恢复和谐、友好和活跃的气氛，不得不说，何润东是一个很有智慧的演员。

生活中，每个人都难免遭遇尴尬，也会在社交场合遇到冷场的情况。在这种情况下，作为蕙质兰心的女孩，倘若你能够灵机一动，帮助自己解围，也使气氛恢复热烈，那么一定会成为众人瞩目的焦点，得到大家一致的认可和赞赏。需要注意的是，缓和气氛、消除尴尬的方式有很多，我们应该做有心人，根据当时当事的情况随机应变，千万不要照搬套用、墨守成规，否则也许会导致事与愿违。

批评有技巧，忠言不逆耳

从小到大，几乎每个人都曾经挨过批评。小时候，被父母和老师批评；工作了，被上司和老板批评；成家了，被另一半批评；有了孩子，甚至还会被孩子批评……总而言之，批评伴随我们的人生，也鞭策和激励我们不断进步。当然，我们也并非总是挨批评，很多时候，我们也喜欢批评别人。然而，无论我们是作为批评者还是被批评者，都无法改变人不喜欢被批评的事实。

人非圣贤，孰能无过。每个人在生活中都难免因为有意或者无心，犯各种各样的错误。在这种情况下，批评是不可避免的。那么，如何批评别人，才能避免尴尬，也避免得罪他人，还能让他人心甘情愿地接受我们的意见和建议呢？其实，批评是有技巧的，我们必须掌握批评的艺术，才能做到忠言不逆耳。

有一次，著名的成功学大师卡耐基准备次日进行演讲，因而让秘书莫莉为他整理演讲稿。当时，莫莉还有一刻钟就要下班了，因而急急忙忙地整理好稿件，然后将其放在卡耐基的办公桌上，就高高兴兴地下班了。

次日下午，莫莉正在看《纽约时报》，结束演讲的卡耐基拎着公文包回到了办公室。他笑眯眯地站在莫莉面前，莫莉关心地问："卡耐基先生，演讲一定很成功吧？"

"当然，前所未有的成功，掌声简直快要把屋顶掀翻了！"

"真的吗？太好了，祝贺你啊！"莫莉真诚地说。

看着这个心思单纯的女孩，卡耐基依然笑着说："莫莉，你知道吗，我今天演讲的题目原本是'怎样摆脱忧郁、创造和谐'，但是，当我打开演讲稿开始读时，台下却哄然大笑。"

"你的演讲一定非常精彩。"

"是很精彩，因为我读的是一则帮助奶牛提高产奶量的新闻。"说完，卡耐基打开公文包，拿出那张报纸递给莫莉。

莫莉羞愧得满脸通红，小声说："卡耐基先生，真的太对不起了。我昨天急着下班，粗心大意，才会导致你出丑。"

"不，不，我还要感谢你给我这个自由发挥的好机会呢！"

从此之后，莫莉对待工作认真负责，再也没有犯过类似的错误。对于卡耐基这样幽默风趣的老板，莫莉当然不想再给他惹麻烦了。

在这个事例中，卡耐基当着所有听众的面读出了关于奶

牛产奶的新闻，当然会觉得非常尴尬。然而，他并没有斥责莫莉，而是以幽默风趣的方式，使莫莉认识到此事给他带来的诸多麻烦。莫莉呢，虽然犯了错误却没有被卡耐基声色俱厉地批评，因此她很感激卡耐基，从此之后彻底改掉了粗心的坏毛病。

很多时候，我们在怒火中没有体谅他人的颜面，歇斯底里地批评起他人。可想而知，这样的批评是难以获得预期的良好效果的。尽管卡耐基的批评方式看起来不够严肃，却因为他给莫莉留足了面子，所以真正起到了作用。除批评之外，我们也可以采取赞美的方式来改变他人。很多老师正是借助于赞美，帮助学生树立信心，使其朝着老师所期望的方向发展和努力。正如刮胡须之前要涂抹肥皂水一样，委婉的方式才能使人际关系更加和谐融洽，从而最终实现交际目的。虽然良药苦口，忠言逆耳，但为了容易下咽，制药人还是会给黄连素裹上糖衣。因此，对逆耳的忠言和刺耳的批评，我们也同样可以为其穿上美丽的外衣，让人们心理上不再抵触，从而能够欣然接受。

说好一句话，助你成功打开他人心扉

常言道，会说说得人笑，不会说说得人跳。尽管这句话听起来有些夸张，但是其实很有道理。语言就是拥有这样独特的魅力，同样一句话，由不同的人以不同的语气、语调说出来，或者由同一个人用不同的方式表达，效果都会迥异，甚至是截然不同。由此可见，把一句话说好看起来无关紧要，实际上却能起到至关重要的作用。

通常情况下，人与人之间的交流需要依靠语言。从这个角度来说，要想搞好人际关系、拥有良好人脉，学会沟通是必需的。情商低的女孩往往一说话就让人火冒三丈，或者是根本找不到合适的话题与人进行交流。情商高的女孩说出的话则让人心里觉得很舒服，也能够赢得他人的好感，从而为自己良好的人际交往奠定基础。

作为一名化妆品推销员，琳达的销售业绩在公司里始终名列前茅。为此，大家全都很佩服琳达，同时也纳闷琳达究竟有何特别的地方，能够做得这么优秀。

后来，公司里来了一批实习生，琳达也成为师傅，带着一个刚刚大学毕业的小女孩。经过一段时间的观察，聪明的女徒弟发现了琳达最大的优点。原来，琳达特别善于交流，总是能够在刚刚开口说话时，就把话说到顾客的心里去，让顾客心花怒放。

例如，这天上午柜台上来了一位中年女性顾客，琳达赶紧迎上前去，问："您好，女士，有什么可以帮您的吗？"顾客有些不太好意思地指了指自己的脸部，说："你看，这么多斑，有没有祛斑美白的呀？"琳达马上拿出两套美白

祛斑的产品，开始向顾客介绍。交流中，当得知顾客已经52岁时，琳达惊讶地说："真看不出来，您居然52岁了，我还以为您也就四十来岁呢！您的皮肤非常细腻，也许是因为生理原因导致长斑。如果能够把斑去掉，您看起来也就四十岁。您看看，您的身材这么好，很多年轻人都没有您这个好身材呢！"在琳达的一番话下，顾客眉开眼笑，很快就购买了两套祛斑产品，喜滋滋地走了。

琳达简单几句话，就把原本因为脸上长斑烦恼不已的客户逗笑了。心情好了，一切自然都好，琳达的推销工作也获得了成功。所以说，女孩子一定要学会与人沟通，更要学会把话说到他人心里去，让他人感受到发自内心的愉悦。

人与人之间的一切难题，说白了就是沟通的问题。只要沟通得法、到位，很多使人困扰和纠结的问题，很快就能够圆满解决。女孩们，把话说好，说起来容易，做起来难。我们必须认真体察他人心理，也要讲究礼貌，更要学会打动人心，才能成为人际交往的高手。尤其是在与不同身份的人打交道时，更要根据对方的身份、年龄、脾气秉性等不同特点，有的放矢，如此才能事半功倍。

让他人心甘情愿接受你的建议

生活中，与他人意见相左的情况时有发生，在这时，倘若我们自认为是对的，就难免想要说服他人接受我们的意见和观点。那么，如何让他人心甘情愿地接受我们的建议呢？真正高情商的女孩，一定会细致入微地考虑问题，从而找到最好的办法说服他人。

毋庸置疑，每个人都是这个世界上独特的存在，每个人的人生观、价值观、世界观等，都是不同的。大部分人愿意相信自己，并且自以为是正确的。殊不知，当每个人都觉得自己正确时，分歧也就随之产生。如果人们互不相让，以尖酸刻薄的语言彼此攻击，那么势必会破坏关系。生活中的很多纠纷都由此产生。真正高情商的女孩很清楚，如果采取迂回曲折的方式委婉表达自己的观点，就能够避免正面冲突，也能够打开他人的心扉，使其真正接受她们的观点。

重要的是，高情商的女孩不会放任自己的情绪妄言，而是会使用优秀的语言表达能力拨动他人的心弦，潜移默化地感染他人，引导他人认同、接受自己的思想。这样的能力是有赖于人生经验的。

一直以来，婷婷作为家中的掌上明珠，已经养成了任性的毛病。直到大学毕业走上工作岗位之后，她才发现自己很容易得罪人。面对同事时，她无意之间说出的一句话，往往就会惹恼众人。有段时间，婷婷几乎遭到了办公室里所有同事的抵触，简直无法继续正常工作。婷婷不知道这是怎么回事，因而始终非常苦恼。为此，她特意去心理医生那里咨询，想要找出自己身上的问题所在。

经过和婷婷的一番交谈，心理医生问她："你下次什么时候有时间？"婷婷想了想，斩钉截铁地说："我只有周二有时间，我周二再过来。"听到婷婷的回答，心理医生笑了，说："我周二恰巧有个会议。"婷婷不由得皱起眉头，再次说道："我只有周二有时间。"这时，心理医生突然说："其实，这也是一个测试题。从你的回答里，我想我初步找到了你不受欢迎的原因。首先，你是病患，我是医生，虽然说医生要为病患服务，但是病患也应该尊重医生。在我问你下次什么时候有时间时，你仅仅从自身出发考虑问题；当我提起我周二要参加会议时，你更是毫不妥协，坚持自己只有周二有时间。这样一来，你就会给人一种咄咄逼人的感觉。要知道，你现在作为独立的个体，已经走上社会，社会上的人不会像爸爸妈妈一样对你有求必应，所以你做任何事情都要考虑他人的感受。尤其是在需要协商的时候，更要拿出真诚的态度。"婷婷有些疑惑："但是，我是在表达真实的自己啊！"心理医生笑着说："你当然要真实，不过你也可以采取其他方式。比如，你可以说'我周二应该有空，不知道您是否方便'，这样一来，即便我周二有些事情可能会

耽误，我也会尽量调整时间，不忍心拒绝你的请求。你觉得呢？"婷婷哑然失笑，说："我平时真的就是这么说话的。但是我无法否认，你的表达方式更入耳。"

后来，婷婷有意识地改变自己的表达方式，最终就像变了一个人一样，得到了同事们的喜爱。

同样一件事情，也会有不同的表达方式。事例中的婷婷因为一直被父母娇生惯养，变得很任性，所以做任何事情都从自身出发，不懂得为他人考虑。幸好，她在发现自己存在某些问题之后，能及时向心理医生求助，从而主动改变自己，成功融入团体之中。

现代职场，没有任何人能够成为孤身英雄，也没有人不管什么事情都能仅凭借一己之力获得成功。尤其是女孩子，更应该提高自身的情商，与他人和谐融洽地相处，这必然也将会给我们的生活和工作带来更多的便利。

毋庸置疑，每个人都有自尊心，我们在与他人交流的过程中，必须给予他人充分的尊重，这样才能让他人心甘情愿地接受我们的意见和建议，也使彼此的交往更顺利。即使是面对最好的闺蜜,也不应毫不掩饰地想说什么就说什么;何况是面对还不太熟悉的同事、上司,或者是其他人呢?高情商的女孩最好还是三思而行、谨言慎行。

第07章

人情就是用来欠的,点点滴滴汇聚成海
——高情商者人情秘诀

你的人脉关系中，有些人不可替代

虽然说多个朋友多条路，但是真正能够维持一生的友谊是少之又少的。现代社会，人们对于友情的理解也和以前不同。可以说，大多数的友谊都是建立在利益关系之上的，如果彼此始终能够在对方需要的时候互帮互助，倒也值得欣慰。毕竟，没有永远的敌人，只有永远的利益，既然在利益面前敌人能够变成朋友，那么无疑，在利益面前，朋友也能够反目成仇。所以现代社会的朋友相处之道，不但要讲究真情真意，也要讲究互利互惠。

生活中，我们结识他人的方式大多是通过别人的介绍。因而，我们在用心经营与这些朋友的关系时，也不要忘记用心维护与介绍人的友谊。常言道，饮水思源，如果没有介绍人慷慨的介绍，也许我们的人际关系网就会薄弱很多。从另一个角度而言，这些介绍人先于我们认识那些朋友，所以介绍人对于我们的评价也将会直接影响新朋友对我们的认可度。由此可见，经营好与介绍人的情谊至关重要。

毋庸置疑，人与人之间的关系是有远近亲疏之分的。尤其是当朋友多了，我们不可能与每个朋友都保持亲密无间的关系，一则时间和精力不允许，二则朋友相交也要靠缘分，假如缘分不够，再怎么努力也无法亲密。所以，在人脉关系中，我们必须有意识地关注那些不可替代的人。的确，有些人就是不可替代的，他们至关重要，任何人也无法取代他们的地位和作用。对于这样的人，即便我们不能与其做到志趣相投，也应该保持基本的交往，做到礼尚往来。虽然这么说有些功利，但现实就是这么残酷，我们做很多事情的确带有一定的目的性和功利性，而且我们与其相识的过程也可能有坎坷挫折，因而维持好与他们的关系也就更加重要。

小霞大学毕业后，一直没有找到合适的工作，最终来到一家建材公司当推销员。众所周知，建材行业竞争是非常激烈的，对于小霞这样毫无背景和关系的女孩来说，想要在这一行站稳脚跟，简直比登天还难。在整整两个月的时间里，小霞几乎跑遍了北京城所有的工地，但是没有一个工地的负责人愿意从她这里订购建材。

这天，小霞再次遭到拒绝，正准备离开办公室时，工地负责人突然喊住她，说："等等！"小霞回过头，工地负责人说："我有个表弟准备承包一项工程，也许你可以找他试试。"小霞惊喜地问："真的吗？"工地负责人有些无奈地说："小妹妹，我有必要骗你吗？"很快，小霞就在工地负责人的介绍下，来到了他表弟张军的办公室。得知小霞是表哥介绍来的，张军对小霞还算客气。小霞简单说明了自己的情况，张军说："既然是我表哥介绍来的，而且我暂时也没有固定的供货商，不如就先与你们合作一段时间吧。"小霞做梦也没有想到自己就这样做成了第一单生意。正式签约之后，她买了好烟好酒，特意去感谢介绍人。随着几次来往，小霞和介绍人及张军建立了信任。后来，介绍人又介绍了好几单生意给知恩图报的小霞呢！由此，小霞渐渐打开了销售局面，随着人脉的拓展，工作上越来越顺利。

在这个事例中，介绍人无疑是小霞的贵人。倘若没有热心的介绍人，小霞现在也许已经被公司开除了，毕竟现在没有任何一家公司愿意养闲人。这就像是一个活扣，介绍人就是那个至关重要的环节。从介绍人入手，小霞的人脉越来越丰富，生意自然也就越来越好做。所谓万事开头难，现在小霞已经度过了最艰难的时刻，人生渐渐进入柳暗花明的境地。

女孩们，你们的人脉关系中是否也有些不可替代的人呢？也许你们平日里并没有意识到对方的重要性，那么不如现在就开始整理自己的人脉。要记住，千万要用心维护那些不可替代的人脉关系，也许它们会带给你巨大的惊喜呢！

多个朋友多条路，多个仇人多堵墙

所谓多个朋友多条路，多个仇人多堵墙，这句话形象生动地为我们揭示了人际关系在现实生活中的重要作用，也帮助我们指明了人生的道路。即要想在人生中如愿以偿地获得幸福、成功，就要学会经营人际关系，营造社交网络。

现代社会，人际关系的重要性更是被提升到前所未有的高度，人脉资源的多少也成为决定我们人生是否成功的至关重要的因素之一。作为现代女孩，我们一定要从小就认识到人际关系的重要性，积极主动地拓展和完善自己的人际关系网，从而在未来激烈的社会竞争中，得到朋友的守望相助。

作为一家房地产公司的文员，初来乍到的刘敏总是叫错同事的名字。一天早晨，办公室里的电话响个不停，刘敏不得不跑进跑出，喊相关的同事来接电话。然而也许是因为记忆混乱，她在忙乱之中居然把刘畅当成刘强找来了，又把雅丽当成亚楠喊来了。最终，整个办公室乱成一团，被叫错名字的同事都很不高兴，也因此对刘敏非常冷淡。

刘敏感到很委屈，但是她什么也没有说，只是默默地下决心要尽快记住所有同事的名字。大概一个星期之后，刘敏终于清楚地记住了所有同事的名字。为了改善和同事之间的关系，勤快的她在忙完自己的工作后，不管看到哪个同事有多余的工作需要分担，都会主动帮忙。到了月底的时候，刘敏简直就像一个超级飞人一样，哪里需要就冲到哪里。渐渐地，同事们原谅了刘敏，都和刘敏有说有笑的。

转眼之间，一年的时间过去了，在年终总结时，作为办公室文员的刘敏特别忙碌，因为有无数的资料等着她整理，还有数不清的报表等着她做。这时候，刘敏自己的工作都忙不过来了，更无暇帮助别人。与刘敏恰恰相反，有几个岗位的同事这时倒很清闲，因为他们的工作并不涉及年终总结。一天，主管让刘敏马上完成一份表格，并且要打印100份。刘敏刚刚开始做表格，经理又让她复印50份资料，说过会儿开会就要用。两份工作都很紧急,主管和经理都不能得罪,刘敏不由得感到分身乏术,左右为难。这时,刘畅突然问:"小敏,需要帮忙吗?我现在没有什么紧急的事情。"刘敏感激地看着刘畅,说:"能麻烦你帮我把这个文件复印50份吗?经理一会儿开会就要用,但是我正在做着主管急用的表格。"刘畅二话没说,二十几分钟后,他将一摞厚厚的复印好并且装订整齐的材料交给刘敏。刘敏连声感谢,刘畅却说:"小事一桩,不足挂齿,这与你平日里对我们的帮助相比,差远了呢!"听到这句话,刘敏心里觉得暖暖的。

事例中的刘敏,刚进公司时因为记不住名字,得罪了

很多同事，幸好她后来积极弥补，赢得了同事们的认可和喜爱。后来，在年终忙碌时，好人缘的刘敏也得到了同事的主动帮助，从而顺利完成了堆积成山的工作。女孩们，每个人在这个社会上都不是独立存在的，任何时候，我们都不可能仅凭单打独斗就获得成功。高情商的女孩很善于把自己融入团队之中，因为她们深知唯有在团队中，她们才能获得成功，也才能最大限度发挥出自身的优势。

女孩们，不管你们现在是学生，还是已经步入社会走上工作岗位的社会人，都要学会与他人搞好关系。民间有句俗话："牛大马大值钱，人架子大不值钱。"尤其是在初入公司时，我们不如放低姿态，多多请教老同事，在他们需要的时候主动给予帮助，这样自然会拥有好人缘。处在和谐融洽的人际关系中，你会发现自己如鱼得水、游刃有余，这对于你未来职业生涯的发展也是有莫大好处的。

让他人欠着你的人情，这种感觉妙不可言

现实生活中，很多人待人处世秉承与他人两不相欠的原则，既不愿意欠别人的人情，也不愿意被他人欠人情，最终明哲保身，人情淡漠。其实，这样的做法并不好，因为人情就是用来欠的。我们不要害怕吃亏，可以适当地帮助他人，让他人欠着我们的人情。这种感觉，就像是把积蓄放在银行里，等着它慢慢地生出很多利息来一样。当然，也许我们对他人的帮助最终没有实际回报，但是我们依然能够收获"赠人玫瑰，手有余香"的美好感受。从另一个角度来看，我们也可以适当欠欠别人的人情，这样我们才能时刻想着回报他人，最终你来我往，与他人的交情也越来越深厚。

女孩要想在人际交往中占据主动，更应该学会施予他人以人情。主动施惠于他人，能够让我们得到意外惊喜，也能

够帮助我们得到好人缘，广结善缘。高情商的女孩，从来不会吝啬付出。哪怕是不求回报的付出，也能给她们带来莫大的快乐。

在办公室里，小万是个清高孤傲的女孩，很少与同事们来往。不过，这并不意味着她冷漠无情，在同事们真正有需要的时候，她总是积极主动地伸出援手，因而同事们都非常喜欢她，与她保持着君子之交淡如水的纯真友谊。

前段时间，坐在小万隔壁办公桌的倩倩，因为经期到了，突然腹痛难忍。看着倩倩头上豆大的汗珠，小万主动说："倩倩，你快回家休息吧，我来帮你请假，再帮你把没有做完的工作处理掉。"看着热心的小万，倩倩为难地说：

> 我帮你把没有完成的工作做完吧。

"但是我还有一份文件没有做好呢，老板说明天早晨上班之前就要。只怕得加班到晚上，才能完成。"小万拍着胸脯说："没关系，你就放心回家吧，我一定能完成的。"就这样，倩倩回家休息了，小万处理完自己的工作，再帮助倩倩处理完工作时，都已经凌晨两点多了。后来，倩倩成了小万真正的铁杆朋友，不管小万遇到什么困难，倩倩都会挺身而出，绝不畏缩。

在这个事例中，小万是个面冷心热的女孩，虽然平日里和同事疏于交往，但是每当同事有了难处，她都能够积极主动给予帮助，而且绝不抱怨，更不求回报。小万的付出得到了倩倩真诚的回报，也收获了真挚的友谊。

女孩们，每个人在人生路上都会遇到各种各样的困难。只要我们力所能及，就应当积极主动给予他人帮助。有的时候，我们也会被他人求助，只要能力所及，就不要推辞。毕竟，也许未来的某一天我们也会成为求助者，也迫切希望有人能够帮助自己。爱心就像是一种能量，在有爱的人之间不断传递，使整个世界都充满爱与友善，充满积极正向的能量。

那么，我们应该如何施予他人人情呢？很多女孩不知道应该如何去做。其实，只要成为生活中的有心人，我们就会发现有很多方法可以实现这个目的。例如，我们可以像事例中的小万一样主动帮助他人。毕竟人在危难之际都渴望得到帮助，所谓"锦上添花，不如雪中送炭"。此外，在他人求助的时候，只要力所能及，就不要轻易拒绝。凡事都是有因才有果的，我们只有种下善缘，才能收获回报。

我们应该学会设身处地为他人着想。每个人在考虑问题的时候，都难免从自己的主观角度出发，很难真正做到为他人着想。作为给予他人帮助的人，我们必须尽量避免过于主观，做到想他人之所想，急他人之所急，这样才能给予他人实实在在的帮助。最后，我们对于他人的任何帮助，都要落实到实际行动上。说得好听，不如做得好看。即使说出一千句豪言壮语，也不如真正帮助他人一次。所以，只要我们真正去做了，对方自然会把我们的情谊记在心里。只要能够做到以上这几点，我们就能够施予别人以人情，同时在情分的银行里，为自己储存越来越多的"积蓄"。

第08章

成为好上司、好下属、好同事
——高情商才能制胜职场

办公室里的政治，交谈不可随心所欲

有的人办公室大，有的人办公室小，然而不管是大办公室还是小办公室，都绝不可小觑，因为办公室实际上就是社会的缩影。每个办公室都有自身独特的文化，也有人与人交往的潜规则。在职场上，很多新入职场的菜鸟因为不了解办公室文化，最终被卷入办公室斗争的旋涡，陷入被动不说，甚至还有可能因此失去工作，可谓得不偿失。

常言道，有人的地方就有江湖。江湖是什么，江湖是鱼龙混杂，蛇鼠一窝，也是各路人马大显身手的好地方。经验老到的人自然能够在江湖里随心所欲地生存，但是对于菜鸟而言，要想混迹于江湖，保全自身，却不被陷害，显然是很难的。从这个角度而言，走入办公室江湖的你，千万不要掉以轻心哦！

在婚庆公司工作的思思，是个单纯善良的好姑娘。她所在的婚庆公司规模很大，主要承接高档婚宴，因而作为销售代表，思思与其他同事不仅是合作的关系，也经常需要竞争。

近来，思思所在的团队正在跟进一个大明星的婚礼，进行初步的洽谈。从早期情况来看，那个大明星对于公司还是比较满意的，有强烈的合作意向。但是，就在事情进展得很顺利的时候，大明星突然改变主意，要终止洽谈，这也就意味着合作没有希望了。领导得知此事后，马上找到思思所在的团队开会。在团队里，主要是由思思和雅文负责这个项目，所以思思自我检讨："对不起领导，我和雅文一直在很用心地跟进，也不知道是怎么了，事情就成了这样。原本，我们还以为是十拿九稳的呢！"这时，领导突然把矛头对准雅文，说："雅文，既然思思不知道这件事情是怎么回事，你总该知道吧？"看到思思把皮球踢给自己，雅文狠狠地瞪了她一眼。思思不知所以，根本不知道自己犯了大忌。后来很长一段时间内，雅文都不理思思，思思呢，也不知道如何是好，更不知道自己错在哪里。

在这个事例中，思思的确是错了。虽然她主动站出来向领导承认错误，但是她的自我剖析，把皮球踢给了雅文。其实，职场上的老人都知道，既然总要有人来承担责任，那么就应该尽量承担起所有的责任，以免牵连无辜，并尽力保全自己的合作伙伴。这样，至少还能卖个顺水人情。但是思思显然不明白这个道理，她看似承担了责任，实际上却得罪了雅文。

女孩们，你们是否也时常因为办公室政治感到厌烦和无力呢？的确，有人的地方就有密密麻麻如同蜘蛛网一般的人际关系，也就有复杂的勾心斗角。尤其是在很多大型企业里，人际关系往往更加难以厘清头绪。从这个角度而言，作为职场菜鸟的女孩也许会感到很头疼，因为她们对于这样的关系根本毫无知觉。其实，这也许反倒是一件好事。所谓心远地自偏，因为心中纯净，所以哪怕无意间得罪了他人，至少关系也是相对理得清的。

看到这里，相信很多女孩会心生恐惧，甚至会因为即将到来的职场生活感到压力倍增。实际上，办公室政治是有章可循的。通常情况下，只要我们避免跨入办公室政治的雷区，就能够做到明哲保身，一心一意地工作。

首先，在办公室里一定要讲礼貌，尤其是对初来乍到的职场菜鸟而言，当对每个同事的脾气秉性还不够了解时，千万不要随随便便就与对方攀关系、拍马屁。如果反而导致对方怒火中烧，岂不事与愿违？

其次，在办公室里虽然常常需要附和领导或者前辈说话做事，但是一味地阿谀奉承并不能使你站稳脚跟。毕竟，明智的老板都想要拥有具有独立主见和思想的下属，而不是只知道人云亦云的无用者。

再次，要想在办公室里站稳脚跟，特立独行并非不可以，但是还要注意融入团队和集体之中。尤其是在需要承担责任的时候，假如你已经做好了"英勇就义"的准备，就不要临死了还拉个垫背的。从上司的角度而言，他也更愿意欣赏和信任那些责无旁贷承担责任的好下属。

最后，还要与同事搞好关系，绝不要背后议论同事的长短，因为这个世界上根本没有不透风的墙。只有避免祸从口出，使工作环境和谐融洽，我们才能最大限度发挥自身的优势。

当然，除此之外，办公室政治中还有很多禁忌。我们在日常工作中要细心体察，多多摸索和领悟。只要我们成为有心之人，就一定能够很快在办公室政治中找到正确的处理之道，使自己的职业生涯发展更加顺利。

和同事处好关系，优化工作环境

对于一名奋战职场的职业女性来说，每天朝九晚五，只怕与同事相处的时间比与家人相处的时间更长。在这种情况下，要想在职业生涯中获得发展，成就自己，就必须与同事搞好关系。从某种意义上来说，与同事的关系是否和谐融洽，将会直接影响职业女性的事业发展。然而，同事关系不同于同学、朋友等关系。同事之间的友谊不只有合作，还存在激烈的竞争。那么，面对自己不得不和颜悦色以对，且存在利益关系的同事，我们到底怎么做，才能如愿以偿地与其搞好关系，也让自己的工作环境更加舒适呢？

很多职场老人知道，与同事不能提及隐私，既不要谈自己的隐私，也不要打探同事的隐私，这可以说是同事之间相处的底线和原则。除此之外，同事之间在晋升或者业绩面前，总是存在利益的争夺。在这种情况下，我们应该把眼光放得长远一些，千万不要鼠目寸光，更不要因为小小的利益就与同事争得你死我活。毕竟，只有更好地与同事合作，我们才能最大限度实现自身的价值，获得成功。对于一个想在职场上获得长远发展的女孩而言，与同事合作才是终极目标。

具体来说，首先，人与人交往的基础就是相互尊重，我们只有尊重同事，才能得到同事的尊重。人情社会讲究礼尚往来，与同事相处久了，一定要有情分。在同事有什么喜事的时候，送上自己的祝福；在同事需要帮助的时候，做到慷慨解囊、不遗余力，日久天长，我们与同事之间的情谊自然越来越深厚。

其次，和同事相处要能够设身处地为同事着想。毕竟，每个人的脾气秉性都是不同的，我们不能把对自己的要求生搬硬套到同事身上，而应明白同事也有自己为人处世的原则和底线。原谅别人就是宽宥自己，当我们以宽和的心对待同事时，自然也能够得到同事的宽容以待。

再次，做人一定要低调，不要张扬，在遇到纷争的时候，也要做到谦虚忍让。当同事性格怪异时，也不要轻易放弃与其相处。所谓大肚能容天下事，倘若我们放开心胸，必然能够遇见更好的自己。此外，在齐心协力完成工作的过程中，出现分歧是很正常的，一定要采取合适的方式解决问题，如此才能做到皆大欢喜。

最后，与同事在一起要有福同享、有难同当。人非圣贤，孰能无过，在工作过程中，即便是经验丰富的老同事，也有可能犯一些错误。在被上司指责或者处罚时，千万不要畏缩，更不要推卸责任。否则，日后还有谁愿意与你合作呢？情商高的女孩总是能够主动承担责任，并且绝不牵连同事。

总而言之，人与人的相处是很微妙、复杂的。面对性情不同的同事，我们必须采用不同的相处之道，如此才能让工作环境和谐、人际关系融洽，也才能让工作效率倍增。

杨慧从小就是个爱干净的女孩。上班后，她也总是把办公桌整理得一丝不苟，秩序井然。即便是抽屉里的杂物，她也按照分类进行摆放，绝不紊乱。有一次，经理给大家开会时，还特意让大家都向杨慧学习呢。

一天早晨，杨慧来到办公室，刚走到自己的办公桌前，就发现自己的椅子不像原先一样规矩地收在办公桌下。于是她大声地喊道："哎呀，是谁动了我的椅子。我昨天下班的时候，明明把它塞到办公桌下面了啊？"她环顾四周，见没有人应声，就又颐指气使地对着办公室里的同事们喊道："大家都听好了，以后谁再坐我的椅子，一定要把它放到办公桌下面，恢复原样！"听着杨慧的话，同事们面面相觑。中午午饭后，杜伟和杨慧开玩笑说："杨慧，帮我也收拾收拾桌子吧，我实在是不知道应该怎么收拾啊！"杨慧得意洋洋地拿抹布擦拭自己的桌子，说："你呀，我简直怀疑你个

人卫生是不是也这么糟糕。你赶紧坦白承认，是不是每天都不刷牙、不洗澡呢？"杨慧的话使杜伟满脸通红，找了个借口就溜之大吉了。渐渐地，办公室里的同事越来越疏远杨慧，大家都不愿意和她交往。就连杨慧在办公室里最好的姐妹西西，也无奈地说："杨慧，以后中午你还是自己去吃饭吧，我实在受不了你总说这个菜也脏，那个饭也脏，什么都不让我吃。"

在这个事例中，杨慧爱干净原本是件好事情，但是她偏偏把自己对于卫生的过分要求强加到其他同事身上。如此一来，导致她身边的人都很紧张，不知道到底怎么做才能符合她的标准，最后大家只好全都对她敬而远之，再也不愿意和她共处了。

杨慧的错误就在于，她对于同事关系的认知不够准确，还用自己的标准强求他人。殊不知，同事关系是很特殊的，从私人角度而言，它非常宽松；从工作的角度而言，它又需要密切合作。高情商的女孩知道如何准确把握与同事的关系，知道何时应该亲密无间、众志成城，何时应该给予对方足够的自由和空间，让对方感到舒适惬意。不论何时，我们都应该严于律己，也都应该牢记不要用对待自己的标准和要求苛责他人。唯有如此，我们与同事的关系才能松紧适度、和谐融洽。

把工作当事业,而不是仅仅混口饭吃

常言道,当一天和尚撞一天钟,这句话形象地揭示了混日子的状态。其实,现代职场上也有很多这样蒙混过关的"和尚",他们工作的目的就是挣钱,丝毫没有想到应该把工作当成自己的事业,用心经营和发展。也正因为这种消极的心态,他们在工作上始终毫无起色,也没有任何收获。最终,他们非但没有挣到足够的钱,职业前景也一片黯淡。

其实,一个人在工作中不管是全力以赴还是蒙混过关,每天终究要在岗位上干满至少八小时,有的时候还是十小时,甚至更长的时间。与其白白浪费宝贵的时间混日子,不如竭尽全力干好工作,最终把工作变成自己的事业,使自己的人生更加圆满充实。很多人之所以在职场上叱咤风云,把事业经营得风生水起,就是因为他们很清楚这个道理,因而绝不浪费人生中宝贵的一分一秒。如此全心全意、持之以恒地付出，才为他们换来了丰厚的回报。无疑，这些人都是聪明人，情商也都很高，所以才能作出如此睿智的选择。与他们相对应的，还有很多人对于自己的工作不满意，但也不能下定决心放弃工作，再另寻人生的新天地。最终，他们就在这份"食之无味，弃之可惜"的工作上浪费生命，虚度人生，终究一无所获。从这个角度分析，是把工作当成事业，还是仅仅作为赖以为生的手段，对于人生能否成功影响深远。

全球著名的通信公司，在招聘人员的时候，首先考察的是应聘者对工作的态度是否积极认真。假如判定应聘者对于工作三心二意、态度不端正，即便这个应聘者的客观条件非常符合公司的需要，公司也不会雇用。因为经过长期的管理，公司发现一个人要想在工作上有所成就，必然对待工作态度端正，也有很高的效率。从这个角度而言，女孩们，假如你们想要在事业上有所成就，那么首先要做的就是端正态度。假如你觉得自己目前的工作不可替代，而且会成为你毕生从事的事业，你对待工作的态度就会马上改变，你的人生也会因此发生翻天覆地的变化。从心理学的角度而言，一个人的工作态度还能反映其内心深处的价值观，最终决定其工作上的成就是大还是小。这一点，对于个人和公司都是至关重要的。

很久以前，有两个建筑工人一起砌砖，建造高楼大厦。工作的过程中，甲总是愁眉苦脸的，提不起精神来，干活的过程中也唉声叹气。乙呢，虽然和甲是搭档，干着相同的活儿，但是始终哼着欢快的小曲，似乎他正在从事这个世界上最伟大而又轻松的工作。看到乙每天都这么乐呵呵的，甲忍不住问乙："哥们儿，你真的有那么多值得高兴的事情吗？我怎么觉得你每一分每一秒都很高兴呢？"乙笑着说："活着很好，不是吗？"甲又问："活着的确很好，但是你觉得咱们这份工作真的能够使你始终保持愉悦的心情吗？毕竟这份工作又脏又累又辛苦，报酬还特别低，只是枯燥地砌砖而已啊！"乙惊讶地反问："难道你只把这项工作当成是砌砖吗？我认为，我们正在建造伟大的建筑物，将来这里会成为全市的艺术中心，不但有剧院、美术馆，还有博物馆呢！想想吧，我们的孩子以后也会来这里参观的！"听了乙的回答，甲沉默不语。

几年的时间过去了，甲依然在砌砖，只不过换了个地方而已。乙呢，因为对于建筑工作的热爱，他后来通过自学考取了建筑设计师证，如今已经开始独立设计雄伟的建筑了。

对于简单的砌砖工作，甲当然有理由抱怨，不管是炎热的夏日，还是寒冷的隆冬，他都不得不从事这项艰苦的工作。乙也和甲在从事相同的工作，但他毫不抱怨。他相信自己的工作很重要，对于工作始终积极乐观，所以他最终才能够考取建筑设计师证，成功改写了自己的命运。

女孩们，也许你们认为在工作的过程中，技巧、能力和专业学识是最重要的，然而事实告诉我们，对待工作的态度更加重要。同一份工作，我们采取不同的态度面对，就会取得不同的成绩。既然哭着也是一天，笑着也是一天，努力奋斗也是一天，消极怠工也是一天，我们为什么不能笑着努力度过人生的每一天呢？只要我们坚持不懈、持之以恒，命运终将会掌握在我们自己手中，我们也会离梦寐以求的成功越来越近。

与上司搞好关系,你怎么能没有高情商

人在职场,除非自己当老板,否则一定要学会与上司搞好关系。通常情况下,上司是与我们在工作上有直接关系的领导者。即便我们能力再强,假如无法搞定上司,职业生涯的发展也必然会受到阻碍。自古以来,官场上就有官大一级压死人的说法,尽管有所偏颇,但的确很有道理。举个简单的例子来说,职场上的层级是很森严的,最忌讳越级上报。因而作为下属,不管我们多么不把上司看在眼里,都要尊重处于更高一层管理级别上的他。从上司的角度而言,老板在提拔某位职员的时候,最看重的就是这个职员的顶级上司对他的评价。因此,假如上司对下属的评价不高,那么就算老板多么赏识这位职员,也难免要心生嘀咕。归根结底,顶头上司是最了解我们平日里工作表现的人,也是最有权力评判我们职业潜力的人。总而言之,高情商的女孩深知得到上司赏识的重要性,因而在工作中会很尊重上司,也会努力得到上司的认可和赏识,从而帮助自己的职业生涯更加一帆风顺。

当然,也许有些女孩会说,我不知道如何与上司搞好关系。其实没关系,因为只要你勤奋好学、虚心谨慎,再加上在工作过程中不断用心领悟,就一定能够迅速进步,成为上司眼中勤奋进取、值得提拔的好学员。

首先,所谓千人千性,在漫长的职业生涯中,我们难免会遇到各种性格的上司,因而要想与上司搞好关系,第一步就是了解上司的脾气秉性和性格特点。所谓知己知彼,百战不殆。

其次,在职场上一定要公私分明,尤其是在与上司相处的时候,哪怕双方私底下关系非常亲密无间,在职场上也要讲究分寸,不要超越级别和权限,对上司做出越级的举动。

再次,要对上司保持忠诚。众所周知,对于管理者而言,他们工作的对象是人,最大的成就就是能够团结下属,让下属全都支持和拥护自己。因而忠诚于上司，无疑是下属给予上司最好的礼物。当然，这里所说的忠诚既包括认真完成工作，也包括用心对待工作、对工作有主见、保证质量、按时完成。尤其需要注重细节，因为细节往往更能彰显我们对于工作的严谨态度，也能表现出我们对上司的尊重。

最后，还要积极与上司沟通。人与人之间的了解，主要依靠沟通，即便是下属与上司之间也不例外。不过需要注意的是，我们在与上司沟通时应该讲究方式方法，既不要过于随性，也不要过于拘谨。尤其是在汇报工作方面，高情商的女孩总是积极主动地向上司汇报工作，从而让上司更加了解自己的工作进度和思想状态，也更加欣赏和赏识自己。有人说过，工作汇报得好不好，甚至比工作上的表现更加重要。当然，假如我们能够同时用实力与语言为自己代言，则效果一定更加显著。此外，职场中上下级之间尤其要注意把握好分寸。异性之间的关系永远是敏感话题。要想不给其他人留下话柄，女孩一定要洁身自好，凭借实力实现自己的人生价值，也凭借实力获得成功的人生。

小薇大学毕业后就进入了这家公司工作，虽然才过去一年多时间，但是她已经从普通的文员成为经理助理了。毫无背景和关系的小薇，是如何做到晋升如此迅速的呢？其实，这一切都与小薇的高情商密不可分。

最初进入公司时，小薇只是一名普普通通的文员，在办公室主任的管辖下，主要负责处理各种文件和表格。有一次，主任因病请假，小薇忙完自己手里的文件，想起来主任曾经说过这份文件是经理要用的，因而她主动把文件提交给经理，说："经理，我听主任说您着急用这份文件，因为主任请病假，所以我把文件提前交给您。您先过目一下，如果有什么不合格的地方，还有一天的时间，我可以尽快完善。"看到眼前这个机灵的女孩，经理笑着点点头。果不其然，文件有几个地方的数据不够翔实确凿。在经理提出疑问之后，小薇马上进入档案室调查原始资料，足足花了好几小时，才找到最准确的数据。看着这份近乎完美的文件，经理不由得对小薇刮目相看。

在主任请假的几天时间里，小薇得到经理的默许，对于工作上的事情可以直接向他请示。就这样，小薇抓住机会，经常向经理汇报工作，这也让经理看到她对工作认真严谨的态度，因而更加赏识她。一年之后，因为经理需要一个助理，所以理所当然地提拔了对于工作非常熟悉也认真负责的小薇。

在这个事例中，小薇作为普通文员，原本与经理根本搭不上关系。但是她非常机灵，情商很高，在看到主任因病请假之后，又因为担心耽误经理使用文件，所以特殊情况特殊对待，特意把文件提前交给经理，并且根据经理的意见完善文件。这样的下属，经理当然很喜欢。不仅如此，小薇还在主任请病假期间一直积极主动地汇报工作，使经理注意到她勤奋严谨的工作态度，因而对她留下了良好的印象。由此一来，小薇的晋升也就水到渠成。

人在职场，很多时候辛苦工作一天，也比不上一次恰到好处、言简意赅的工作汇报。很多女孩在职场上作为基层工作人员，不愿意与越级的上司打交道。当然，在非特殊情况下，最重要的是与顶头上司搞好关系；不过倘若情况需要，适当越级也无不可。高情商的女孩善于抓住工作中千载难逢的好机会，给自己争取更多的发展空间。

第09章

女人玩转财富有妙招
——情商高,财富自然来

以小博大，降低风险未必没有高收益

靠人人会跑，靠树树会倒。作为独立女性，我们当然要学会赚钱，也要把财务自由当成自己的伟大目标。在当代社会，没有钱是寸步难行的，因而大多数人把赚钱当成人生的首要任务，也就无可厚非。然而，赚钱并不是那么容易的。很多时候，理想很丰满，现实很骨感，我们在奔向理想的路上，常常摔得鼻青脸肿。

聪明的女孩知道，工资不是财富的唯一来源。为了尽早实现财务自由，她们中的一些尝试自主创业。但是，机遇是与风险并存的。在创业过程中，总是会遇见各种各样的困难、挫败，高情商的女孩懂得如何调整自己的心态去应对问题，因此她们更容易积累经验，并坚持不懈地一次次尝试。正是凭借这种内在的力量，高情商的女孩锻炼了自己的财商，从而更有可能最终实现自己的财富梦想。

作为一个来自农村的女孩，形形一直想在广东站稳脚跟，赢得自己的一席之地。刚开始时，形形因为学历不高，也没有一技之长，只能在服装厂的流水线上工作。一天下来，她不但腰酸背痛，而且整个思维似乎都因为机械枯燥的工作变得僵硬了。一年多之后，形形小有积蓄，因而琢磨着自己做点小生意。

虽然心怀远大的志向，但路还得脚踏实地地走。几经调查，形形发现自己手里省吃俭用才积攒下来的几万块钱根本不够做什么。但是她的决心已定，她想："启动资金少，即使是失败了从头再来也容易。况且，大生意有大生意的做法，小生意有小生意的做法，我的这些钱做些大生意不成，卖点小东西大概还是可以试试的。"

形形虽然学历不高，但是情商很高。得知好姐妹刚生了孩子，她有空就去帮忙照顾，因此她偶然得知了婴幼儿的三角口水巾也是一门生意。此外，在服装厂打工的时候，她就时常与部门主任和经理打交道，赢得了他们的好感。在四处打听创业机会时，她就通过服装厂的人脉知道了有一批染色错误的纯棉布料要低价清仓的消息。

选对方向,就成功了一半。彤彤立刻意识到这是一个绝佳的机会,她马上请求服装厂经理将这批布料都卖给她,并且委托他们将布料加工成三角口水巾。在这一过程中,她不仅帮服装厂解决了问题,还为服装厂创造了收益。

口水巾很快就生产出来了,但是彤彤的积蓄也快要见底了。彤彤没有任由焦虑打败她,而是通过反问自己来寻找对策。她精打细算,将自己的出租屋当作仓库,每日到孩子多的公园和小区兜售自己的口水巾。她的情商再次帮助了她。当众人只看不买、心存疑虑的时候,彤彤也不会生气,而是抱着一种广结善缘的心态,经常和带着孩子来的母亲聊天、谈笑。一来二去,大家都喜欢上了这个高情商的女孩,也就时常随手带上一条口水巾。

彤彤的口水巾是纯棉的,材质好,价格也便宜,因此逐渐赢得了主妇们的口碑。一次,一位经常来找彤彤聊天的女子主动向彤彤提议说,自己家里有一间铺面,虽然不大,但是可以便宜地租给彤彤……

就这样,形形的生意逐渐走上正轨。形形的成功离不开她乐观的精神、说干就干的行动力、广结善缘的亲和力,以及百折不挠的毅力。这些品质都是情商的体现。因此,可以说,她的成功正是源于她的高情商。

想要实现财务自由的女性朋友们,在你们绞尽脑汁地寻找商机时,请不要忘记培养自己的情商。

巧舌如簧，有时也是赚钱的资本

现代社会，人际关系被提升到前所未有的高度，因而口才的好坏也变得至关重要。一个人即便再有才华，如果像茶壶里煮饺子——倒不出来，那么他也无法展现自己的才华，便也埋没了自己的才华。情商高的人不一定都能言善辩，但巧舌如簧，能把话说到他人心里的人大多是高情商的。

不可否认，每个人都是群体的人，都无法脱离他人而生存。不管是在生活还是在工作中，人际交往都是必不可少的，唯有处理好人际关系，我们才能在社交场和生意场如鱼得水、游刃有余。在现代社会的各行各业中，交流都变得非常重要。有的时候，口才的好坏直接决定了我们生活的幸福程度以及事业发展的高度。

现实生活中，很多女性朋友特别注重"面子工程"。她们不惜花费宝贵的时间，捯饬头发、化精致的妆容，也花费重金为自己购买昂贵的时装。然而她们忽略了一点，即外表上的完美尽管让人赏心悦目，令人如饮琼浆的语言交流更能给他人留下良好的印象。尤其是在竞争激烈的生意场上，巧舌如簧的女性更能够抓住他人的注意力，从而为自己赚钱。不得不说，和木讷寡言的女孩相比，巧舌如簧的女孩多了赚钱的资本。

小方的学历只有高中。从农村刚到北京时，她非常胆怯害羞，生怕自己的方言口音遭人耻笑，因此总是沉默寡言。和小方结伴来北京的还有她的一个老乡，也是她的同学，名叫李若。和小方相比，李若无疑口才绝佳，简直能把死的说成活的。她丝毫不在意自己讲话带有口音，因为她相信话语的内容比口音重要得多。就在小方为了找工作焦头烂额时，李若已经凭着三寸不烂之舌进入一家公司。看到口才具有如此大的魔力，小方不由得惊讶万分，她渐渐意识到：我也应该提升自己的口才，让自己能言善辩。

在接下来的日子里，不管是在生活还是工作中，小方总是有意识地锻炼自己的口才，甚至在小区门口遇到业主，也会和业主闲聊半天。渐渐地，小区里的业主都认识小方了。有个业主是一家房产公司的老板，居然主动邀请小方去他们公司工作。就这样，小方顺利找到了工作。不过，接下来的房产销售工作使小方面临更大的挑战。原来，小方的工作是向客户介绍和推销房子，这必然要求她具备更好的表达能力，还要有超强的与人沟通的能力，甚至还要有不露痕迹地说服他人的能力。为此，小方更加持之以恒地锻炼自己的沟通能力。随着工作经验的增加，小方最终成为公司里的销售冠军。年终会上，老板亲手给她发了个大红包，还当着所有员工的面说："小方，继续努力吧，我相信自己看对了你！"

在这个事例中，小方自身的学历条件是很平庸的，而且她口才欠缺，因此在找工作中遇到了困难。幸好后来他从同学李若的身上得到启发，开始有意识地提升自己的语言表达能力，最终做到能说会道、舌灿莲花，从而改变了自己的命运。

现代社会，不会说话的闷葫芦已经无法适应社会的需求了。他们就像是无声的留声机，尽管一直不停地转动，却失去了存在感，也无法让任何人对他们感兴趣。有好口才的人，才能在社会中吃得开，也才能得到他人的认可和欣赏，从而最大限度地成就自己。

看到这里，也许有些女孩会很发愁：我原本就不喜欢说话，也不太会表达，这可怎么办呢？其实，在所有能言善辩的人中，只有少部分人的良好表达能力是天生的，大多数人并非生而就能说会道，而是通过后天的不断努力，抓住日常生活中的每一个机会积极锻炼，才让自己的舌头变得越来越灵活，说出来的话也更容易被他人接受。女孩们，假如你们也想拥有更多的赚钱资本，就从现在开始努力提升自己的表达能力吧！要相信，你的语言表达能力和你的赚钱能力，一定是成正比的。

知识就是力量，也是源源不断的财富

如今，我们身处知识经济时代，社会上的财富越来越集中于少数高知人群的手中。不过需要注意的是，财富源于知识，但是拥有知识未必就一定能够将其转化为财富。因为学识渊博的人未必拥有高情商，也不一定拥有高财商。英国著名的哲学家培根曾说，知识就是力量。我国古代也有"书中自有颜如玉，书中自有黄金屋"的说法。很多穷苦人家的孩子努力考上大学，靠知识改变自身的命运。这证明了一直以来，人们都知道知识蕴涵的力量是强大的。

对于女性而言，知识更是至关重要的资本，能够帮助我们增强实力、提升能力，甚至彻底改变我们的人生。对于可持续发展的经济，知识带来的效益并没有那么明显，而是需要假以时日。如今，也有不少父母眼光短浅，认为读完大学之后也挣不到钱,因而把孩子早早从学校拽出来,四处打工挣钱。他们没有意识到的是,有些财富不积累在银行账户上,而积累在长久的人生中。

有一天,福特公司的一台电机坏了,公司里所有的行家都聚集到一起,集思广益,但是没有人能发现到底是哪里出了问题。眼看着时间流走,损坏的电机却毫无修好的希望,行家们最终一致决定:必须请来斯坦门茨,才能解决问题。

在大家的期待中,斯坦门茨接受邀请,姗姗来迟。然而让大家惊讶的是,斯坦门茨只带着几支粉笔,还有一块小小的塑料布。大家心里不由得忐忑:只带着这些小东西,真的能修好电机吗?在整整三天的时间里,斯坦门茨什么也没做,每天只待在电机旁边看来看去,侧耳倾听,偶尔还会拿起粉笔在塑料布上写写画画,进行各种复杂的计算。最终,他用粉笔在电机上画了一道线,就如释重负地扔掉了粉笔。福特公司的人问:"您找到毛病了吗?"斯坦门茨斩钉截铁地说:"打开电机,把里面的线圈减少16圈。"福特公司的人很忐忑,难道困扰他们这么久的问题,如此轻描淡写地就解决了?他们将信将疑地按照斯坦门茨所说的做了,果不其然，电机恢复正常了。

这时，斯坦门茨开口要价一万美元。福特公司的经理完全惊呆了，觉得他这是在漫天要价，因而要求他填写材料单。斯坦门茨大笔一挥，写道："画一条线，一美元。找到划线的地方，9999美元。"就这样，斯坦门茨用三天时间就赚了一万美元，不得不说，这就是知识的价值啊！

要想拥有技能，我们首先要学习知识，奠定基础。斯坦门茨知道福特公司所有专家都不知道的秘密，那就是在哪里划线。对于斯坦门茨而言，他知道在哪里画线值9999美元，而且这项无可替代的技能还将会继续为他赚取金钱。可以说，一旦知识转化为金钱，人们就能凭借知识得到源源不断的收益，因为知识存在于人们的脑海之中，是可持续发展的，也是能够无限期使用的。

当然，如果是个书呆子，只知道学习知识，却不知道如何运用知识，那么把知识转化为技能也就变得很难。所以，我们不但要懂得知识是财富，还要明白如何把知识转化为财富，这样我们才会财富源源不断。

女性在身体上常处于弱势，但是假如我们能够用知识武装自己，那么我们不但会变得强大起来，还会成为财富的拥有者，可谓一举数得。从现在开始就努力学习知识吧，当你的知识积累到一定程度，你一定会有惊喜的收获。

建立正确的金钱观，人生才不会偏离正轨

现代社会，真应了那句话：金钱不是万能的，没有钱是万万不能的。如果说处于农耕时代的人们在没有钱的情况下，还能依靠耕种在短时间内自给自足，那么生活在现代的人们则无钱寸步难行。不但出门坐公交车要钱，就算在家里待着哪里也不去，点个电灯，喝口自来水，都是需要花钱的。由此不难看出，金钱在我们的生活中起到至关重要、无可替代的作用。那么，这是否就意味着我们要为了金钱不顾一切呢？其实不然。虽然金钱很重要，但是在人生中，还有很多东西比金钱更重要，也更值得我们珍惜。

一个真正明智的人，绝不会为了金钱放弃一切底线和原则，成为金钱的奴隶。相反，他们始终秉承君子爱财、取之有道的品格，即便很需要钱，也不会不择手段地获取金钱。

遗憾的是，物质的富裕带来了很大的冲击，很多年轻的女孩因为贪图享受，不仅希望得到好房豪车，还希望得到很多奢侈品，因而在金钱面前失去了理智，导致人生走入了歧途。

现代社会的很多人都听说过财商，却很少有人真正理解财商的内涵。其实，所谓财商并非贪财，而是一个人对待金钱的能力和素质。财商很重要，与智商、情商相并列。从本质上来说，财商决定了人们在经济社会中是否具备足够的能力以获得好的生存条件。因而，作为现代社会的女孩，我们一定要多多培养自己的财商，努力提高自己的财商，帮助自己树立正确的金钱观，也帮助自己具备更强的驾驭金钱的能力。

遗憾的是，传统的观念对人们的影响依然根深蒂固，很多女性朋友在生活中羞于谈钱，似乎只要提起钱，就是可耻的，会玷污自己神圣高尚的情操。然而，谁能离开金钱很好地生存呢？在很多人心中，一方面是对金钱的迫切渴望，另一方面是对赚钱的羞于启齿。他们认为即使要赚钱，也是要匹配自己的身份的，决不能伸手要钱、开口谈钱。两种矛盾的心态常使他们陷入口是心非的窘境。与其如此，还不如大大方方地坦然面对金钱。

很多年轻的女孩往往是爱情至上主义者，她们情窦初开，认为只要有爱，就能战胜和超越一切。遗憾的是，现实生活是残酷的。所谓巧妇难为无米之炊，在实实在在的生活中，一文钱难倒英雄汉，没有钱的确会使人心力交瘁。说到这里，肯定有很多朋友觉得困惑：为何前文说金钱不是万能的，不能为了钱放弃一切原则和底线，后文又说金钱是非常重要的，没有金钱寸步难行，巧妇难为无米之炊呢？实际上，前后文的观点并不矛盾。综合前后文，高情商的女孩很容易就能得出一个道理，即一个人既要看重钱，重视金钱在现实生活中的重要作用，又不能唯利是图，更不能把金钱作为人生唯一的追求目标。总而言之，我们要适度追求金钱，也要努力主宰金钱。

小芳是个来自农村的女孩，高中三年每一天都付出了百倍的努力。原本小芳以为只要自己鲤鱼跃龙门，接下来的人生就会一帆风顺，殊不知，进入大学之后，小芳更加感受到生活的残酷。

小芳的父母都是面朝黄土背朝天的农民，供养小芳读大学，他们七拼八凑才凑够学费，根本没有多余的能力让小芳衣食无忧。因而自从进入大学的第一天起，小芳就在为自己的生活费发愁。看着班级里那些城里的女同学，全都衣着光鲜亮丽、生活无忧，小芳不免觉得自卑。在进入大二的时候，小芳无意间认识校外的一位男性，这位男性有个小公司，在小芳眼里俨然是成功人士。尽管知道这位男性已经结婚成家，有妻儿老小，小芳还是禁不住诱惑，经常跟着他出入高档餐厅、舞厅酒吧等地方。短短的时间里，小芳的手头就宽裕起来。眼看着其他同学都为了在大城市立足而奔波，小芳不免沾沾自喜：不需要自己的努力就能衣食无忧，节省了多少年的奋斗啊！

在交际场中游走，由于小芳身份敏感，少有人真正看重她，不过是给她身后的人面子。但小芳对这一点没有足够的认知。或许，她是被纸醉金迷的表象蒙蔽了。一天，一位优雅的女士闯进了她的美梦，等她回过神来，她已经再也联系不上那个男人。那位女士自然是男人的妻子。

小芳不仅失去了"靠山"，连同过去享受的一切美好的事物仿佛也一下子变得不真实了。由于常年混迹于交际场，小芳的学业被耽误了，勉强拿到毕业证后也找不到很好的工作。其他的同学早早开始准备，都有了努力的方向，但是小芳看到那些基层岗位的工资水平，心里的落差非常巨大。她甚至开始觉得，去做这些工作，与面朝黄土背朝天的父母没有什么区别，都要"脏了手"。

她渴望再穿上华丽的服装，进入高档的交际场。那里的人不谈钱，但都很有钱。而她现在既没有钱，又不得不谈钱了。

诚然，拥有金钱是现代社会的一个重要课题。但是，如何获得金钱，金钱的来源是否正当，是决定女孩能否心安理得地长久拥有金钱的重要因素。女孩应该成为自己命运的主宰，问清楚自己的心：我到底想要拥有怎样的人生？唯有如此，我们才能有所倚重，脚踏实地地培养自己的财商，取财有道，享财有福。

第10章

聪明女孩懂得婚姻的经营之道
——婚姻是一门深奥的课程

幸福婚姻，离不开女孩的用心经营

不管是男人还是女人，在出生的时候都无从选择，只能听凭命运的安排。我们命中注定要有怎样的出身、父母和家庭，因此我们前半生的命运几乎从我们出生的那一刻起，就已经无法改变了。但是，当我们逐渐长大成人，开始面对自己的人生，也有了自己的主见之后，我们会发现，后半生的命运其实掌握在我们自己手里。尤其是对于女孩而言，婚姻是否幸福，往往关系到后半生的命运，因而女孩更需要擦亮眼睛审视爱情，也需要认真审慎地选定自己的爱人，更需要在步入婚姻之后用心经营。

一段完满的婚姻，会赋予女孩全新的生命，把女孩从少不更事的少女，变成成熟、有韵味的少妇，由此开始一段更加完美的人生旅途。当然，选定合适的人生伴侣只是收获婚姻幸福的第一步，更重要的是，我们在与所爱的人走入婚姻之后，还要懂得付出爱、付出努力、用心经营。很多人都说婚姻是爱情的坟墓，就是因为他们在经营婚姻的过程中，发现爱情渐渐在柴米油盐酱醋茶中消耗殆尽，曾经的浪漫美好也不复存在，取而代之的是无数琐事引发的争吵，在这种情况下，还有何幸福可言呢？

提起经营婚姻，很多情感专栏的作家曾经对于婚姻有过解读。然而，就像这个世界上绝没有完全相同的两个人一样，这个世界上也绝没有完全相同的两段感情。任何时候，我们都必须从自身的感情经历以及婚姻状况出发，才能找到最好的解决方案，给婚姻带来幸福美满，带来快乐自由。

自从有了孩子之后，小娜的婚姻就陷入了水深火热之中。以前没有孩子，他们夫妻俩都是月光族，每个月发了薪水就去狂欢，想买什么就买什么，虽说没有到完全实现财务自由的地步，但是也从未因为经济紧张而捉襟见肘。但是自从有了孩子，孩子的奶粉和纸尿裤钱，就是一笔巨大的开支，即使小娜节衣缩食，也感到经济压力倍增。为此，她不停地抱怨老公挣钱太少，而且对于生活完全没有规划。由于这个孩子的到来完全是计划外的，她甚至抱怨老公只顾一时享乐，完全没有预计到后期的种种麻烦。在一次次的抱怨中，他们夫妻的感情越来越差，老公为了躲避小娜的抱怨，常常借口公司加班夜不归宿。小娜一气之下，抱着孩子回了娘家。

妈妈听完小娜的抱怨，语重心长地说："小娜，男人其实也和孩子一样。在婚姻中，你有两个孩子，一个是襁褓中的婴儿，一个是你的丈夫。假如你找不到好的方法和男人相处，婚姻就会处处碰壁，甚至解体。你可曾想到，在你因为多了这一个小人儿焦头烂额的时候，对方也同样焦头烂额，甚至还因为陡然增加的经济负担承受了更大的压力？这个时候，你要鼓励他，不要埋怨他，毕竟孩子也不是他一个人生出来的，对吧！"妈妈的话使小娜知道，女人在婚姻中的责任是分担，而不是抱怨。她改变心态，带着孩子回到老公身边，开始改变策略。每天，除了照顾小小的婴儿，小娜还把家里打扫得干净整齐，甚至还想方设法地挤出时间来做出一桌可口的饭菜，等着老公在外辛苦一天之后回家享用。而且，她每天都能发现小小婴儿进步的地方，迫不及待地告诉老公,与老公分享小生命进步带来的欣喜和希望。渐渐地,老公每天一下班就迫不及待地回家,逗弄小婴儿,从中得到巨大的快乐。有一次,老公感慨地对小娜说:"生命真是太神奇,简直每一分、每一秒都有新奇的改变,我们太幸运了,能够见证他的成长。"

小娜心中暗暗窃喜,何止小生命在成长呢,她和老公也在成长。她已经学会了当一个合格的妈妈和称职的妻子,偶尔还会在紧张忙碌的生活之余,给老公创造一些小浪漫、小惊喜,以维护夫妻感情。而老公呢,再也不怨声载道,更不会逃避,而是心甘情愿地为着这个神奇的小生命不断地努力奋斗。

在小娜的用心经营中,因为新生儿的降生遭遇危机的婚姻得到了挽救。其实,作为家里的女主人,只要女性朋友能够学会调节情绪,经营婚姻,既不因为紧

张忙碌的生活抱怨连天，也不因为现实的残酷就忘记浪漫，那么她终究能够引领家里的两个"孩子"一起茁壮成长。

女孩在步入婚姻时，一定要做好心理准备，因为两个原本单身的个体组建成一个全新的家庭，绝非简单的一加一等于二。唯有女孩善于理家，在平衡好家中各种微妙的关系之余，也能够调动起夫妻之间的生活乐趣，才能让婚姻变得更加和谐幸福。尤其是在有了孩子之后，小小生命的到来会使家里瞬间发生翻天覆地的变化，甚至让全家人都忙得人仰马翻，这时更要做好心理准备，不但要照顾好新生儿，调节好自己的心理状态，也不要忽略老公的感受。总而言之，一个家庭的成长需要面对各种各样的困境，就像一辆汽车在过了保修期之后要想正常运行必须定期养护一样，婚姻也需要我们用心经营，努力排除各种潜在的或者已经表现出来的障碍。记住，爱、信任、理解和包容，永远是婚姻的润滑剂。我们只有始终与爱人进行良好的沟通，才能及时避开婚姻中的暗礁，让婚姻永远幸福美满下去。

保持自身的独立性，才能与爱人并肩而立

现实生活中，很多女性朋友在结婚之前有着很好的工作，也有很强的独立生存能力，但是一旦走入婚姻，就会马上失去自我，把自我隐藏在家庭生活之后，整个生活的中心就变成了家庭，不但与此前的闺蜜减少联系，更是不再对工作上心，似乎整个人与世隔绝了。这样真的好吗？从夫妻关系的角度而言，新婚的男人原本有着非常自由的生活，甚至在结婚之后也依然想时不时地与哥们儿、同学喝酒唱歌，但是嫁为人妇的女孩死死地粘住他，使他根本没有任何属于自己的时间和空间。此时此刻，几乎要窒息的新任丈夫恨不得呐喊："天呐，你能不能去和小姐妹们待上半天，给我一点儿喘息的空间呢？"再说说外人的感受吧，不管是和朋友、同学还是闺蜜在一起，新任妻子和妈妈张口闭口就是丈夫和

孩子、尿不湿和奶粉，简直使人厌烦透顶，甚至使人怀疑她满心满脑子就只有这点儿事情，与其交谈也变得索然无味。这样生活久了，渐渐地，妻子就失去了独立性，甚至恨不得辞掉工作，成为一个全职妈妈。即使不辞职，对待工作也完全是蒙混过关，根本没有任何奋斗的劲头了。

现代社会发展迅速，很多事情都在瞬息万变。即便对于感情深厚的夫妻而言，婚姻也并不是保险箱，那红红的一纸证书也并不能保证一生的幸福。女孩一旦沦为婚姻的附属品，失去自己的独立人格，失去独立性，甚至因为辞职照顾家庭失去自己的经济来源，"经济基础决定上层建筑"这个真理就会在婚姻中很好地体现出来。即便当初是男人信誓旦旦地要求女性放弃工作，成全家庭，一段时间之后，男人也会改变心态，对失去独立性的女性颐指气使。这种心态的改变几乎难以避免，防不胜防。

拥有高情商的女人绝不会在婚姻中犯"失去独立性"这种错误，相反，她们会积极主动地在婚姻生活中建立"自我支持系统"。那么，何为"自我支持系统"呢？顾名思义，也就是自己独立的社交圈、人脉关系网、经济来源等诸多能够保证自己正常生活的体系。拥有自我支持系统的女性，即使婚姻遭遇变故，也依然能够一如往常地生活下去，因为她们曾经的幸福并不仅依赖婚姻生活中的另一半。简而言之，在婚姻生活中拥有自我支持系统的女性，即使没有老公的支持，也能很好地生存下去，保证正常生活不受影响。相反，在婚姻中失去自我、失去独立性的女性，在婚姻遭遇变故时，往往觉得天塌了，甚至因此产生轻生的念头，后果不堪设想。

菁菁和老公结婚后，因为老公工作很忙，也因为孩子的到来，原本有一份很好工作的她，最终决定辞职。在孩子三岁之前，菁菁始终是全职家庭主妇。渐渐地，她感受到老公对她的态度有了变化。原本，老公很感谢她做出牺牲，成全家庭，但是后来每当菁菁有什么抱怨，老公总是以工作忙、挣钱养家作为搪塞之词。这使菁菁意识到，她在老公心目中的地位降低了。因为菁菁没有自己的工作，所以她在忙完家庭事务后，总是非常关注老公，经常催问老公几点下班，询问老公和谁在一起，这也使老公很不耐烦。

在把孩子送到幼儿园之后，菁菁决定改变自己的生活。

她参加了好几个培训班，提升自己的职业技能，为再就业做好准备。在孩子适应了幼儿园生活后，她很容易就找到了一份不错的工作。从此之后，菁菁每天都朝九晚五地上班，也恢复了自己的人际交往。有的时候，她因为忙于工作，不得不让老公下班之后去接孩子。由此一来，她也能够享受到老公做好饭、和孩子一起守着家，等她回家的幸福。她也不再动不动就打电话询问老公的踪迹，因为工作的忙碌使她必须全心投入，根本无暇顾及其他。看着这个截然不同的妻子，老公既感到危机，因为他突然发现自己的妻子是那么迷人，也感到欣慰，因为他很为自己拥有这么能干的妻子感到骄傲。

菁菁虽然为家庭做出了牺牲，但是很快意识到这样的夫妻关系无法使她获得幸福，也无法使他们的

婚姻关系长久。因此她赶紧调整自我，在把孩子送进幼儿园之后，当机立断开始建立"自我支持系统"。很快，那个乐观自信的菁菁又回来了。虽然每天都过着紧张忙碌的生活，但是她感受到发自内心的自信和充实。菁菁感到心安和踏实，因为此时此刻她才真正成为生活的主宰，也完全不会受到命运的左右。

现代社会，虽然女性的社会地位得到了很大的提高，但是依然有很多女性把自己毕生的幸福寄托在婚姻之上。殊不知，婚姻关系并非如我们想象中那么稳固，而且人生之中也充满了意外的变故。我们每个人都应该把命运牢牢把握在自己手中，唯有如此，我们才能更好地活出属于自己的精彩。从家庭构造的角度而言，过于依赖丈夫的妻子会渐渐使丈夫觉得自己背负着沉重的包袱，也导致夫妻关系变味。正如舒婷在《致橡树》中所说的那样，我们要作为树的形象出现，与伴侣并肩而立，点头致意，而不要像藤蔓，成为对方的依附和沉重的负担。

需要注意的是，在建立自我支持系统时，高情商的女孩不但注重对自身的提升，也会有意识地努力经营那些对自己有利的关系，如与婆婆之间的关系。经营好婆媳关系，对于夫妻关系的稳定将会起到出乎意料的效果。当然，给予老公独立空间的同时，女孩也不要因为走入婚姻就放弃自己的社交圈子，这样夫妻生活才会既有交集，也有各自独立的人际圈子，从而做到张弛有度，进入佳境。当然，任何支持系统都只能起到支持的作用，高情商的女孩一定知道，必须自己把握婚姻，才能保证婚姻的幸福美满。

婚姻幸福的经营之道，你不得不知的秘密

很多女孩都把婚姻幸福作为自己毕生的追求，然而，婚姻并非简单的数学加减法，要想获得幸福的婚姻，女孩一定要有高情商，掌握婚姻的经营之道。那么，经营好幸福婚姻，究竟有什么秘诀呢？

首先，夫妻之间需要彼此信任。信任不但是夫妻之间的经营基础，也是普通人之间的相处之道。即便是普通的朋友，或者是陌生人之间，一旦开始相处，也应该彼此信任。

其次，夫妻之间还要忠诚。作为世界上唯一没有血缘关系却亲密无间的人，夫妻双方必须彼此忠诚，才能在漫长的人生路上携手并行，不断前进。

最后，夫妻原本是陌生人，在相互认识、组建家庭之

前，缺乏共同的生活经历，因而缺乏深入了解，在一个屋檐下共同生活，必然会在很多方面都产生摩擦。在这种情况下，唯有相互包容和理解，才能彼此并肩前行，不离不弃。

高情商的女孩，一定知道幸福婚姻的经营之道，即信任、忠诚和包容。不过，这几字箴言虽然说起来简单，真正做起来却很难。其实，夫妻相处之道也符合人际交往的原则，任何付出都是相互的，任何的得到也必然都是有原因的。我们在夫妻关系中唯有真诚付出，才能最大限度地为自己赢得幸福。

作为一家图书公司的市场营销员，刘倩主要负责推销大学教辅材料，因而常年四处奔波，出差更是家常便饭。在没有孩子的时候，刘倩出差的时候，她的老公马丁还能应付自己的日常起居。但是在有了孩子之后，刘倩在孩子一岁时再次恢复出差，家庭矛盾也由此爆发。

虽然有丈母娘帮忙，但马丁还是搞不定孩子。有一次，刘倩出差的时候孩子正好发高烧，白天马丁和丈母娘一起带着孩子去医院，夜里因为丈母娘有腰椎间盘突出，马丁只好自己整夜抱着咳嗽不止的孩子走来走去，彻夜难眠。后来，

第10章
聪明女孩懂得婚姻的经营之道——婚姻是一门深奥的课程

刘倩出差刚刚到家，马丁就爆发了："咱们这还像个家吗？难道你对孩子一点责任都没有吗？"听着马丁的话，刘倩也很委屈："我妈妈不是在帮咱们带孩子吗？我也不想四处奔波，但是凭着你一个人的工资能养活咱们一家三口吗？"刘倩的话让马丁无语，很久他才沮丧地说："难道世界上只有一份整日奔波、四处游走的工作吗？我不要求你挣多少钱，我只希望你能照顾好家庭和孩子，这样我也能毫无后顾之忧地全力工作。而且，你是妈妈呀，我不可能像你那么细致地照顾孩子。"

事后，刘倩也想了很多，意识到自己是孩子的妈妈，孩子才一岁多，她却整日出差，把整个家都扔给妈妈和老公，的确是有些过分了。虽然刘倩工作也是为了家庭，但是因此错过了孩子的成长也是不值得的。如此一想，刘倩不由得释然，既然不能面面俱到，不如就分清轻重主次，适当舍弃吧。为此，刘倩下定决心，换了一份相对清闲的工作。这样一来，刘倩不需要四处奔波，能够兼顾家庭，夫妻关系也更加和谐融洽了。

在这个事例中，刘倩和马丁都没有错，他们都是为了这个家好。最终，刘倩为了孩子的成长，为了家庭的圆满，做出了一定的牺牲。这样一来，他们整个家庭生活再次找到了平衡，因而也就恢复了平静幸福的生活。不得不说，刘倩是有包容精神的，也很理解马丁的苦衷，这恰恰是家庭幸福的保证。相信马丁也会把刘倩的付出和牺牲看在眼里、记在心里，这就是婚姻的积蓄。

在夫妻携手而行的漫长人生历程中，每一方主动的付出都会成为婚姻的积蓄。随着婚姻积蓄越来越多，婚姻也必然更加幸福和谐，夫妻关系也会随着彼此付出的逐渐增多而日益深厚。只要夫妻同心，夫妻关系必然坚若磐石，也会更加和谐顺遂。高情商的女孩们，你们现在懂得婚姻生活的经营之道了吗？聪慧如你们，相信你们一定已经做好准备去迎接美满幸福的婚姻生活了吧！

婆媳关系，绕不过去的难题

当代年轻人生活压力大，工作节奏快，根本没有足够的时间和精力抚育自己的后代，所以很多年轻人都需要父母来帮忙，才能协调好养育孩子、照顾家庭以及全心工作之间的关系。由此一来，问题接踵而至。一个三代同堂的大家庭，必须处理好婆媳关系，才能真正做到和谐融洽，生活幸福。

其实，婆媳关系难处是很正常的，应该将其看作生活中可以接受的常态，而不必大惊小怪。有些人对于婆媳关系给予太多的关注，也在不知不觉间对婆媳关系寄予太大的希望和憧憬，最终导致希望越大，失望也就越大，更加反衬出婆媳关系的恶劣。

有些夫妻原本关系很融洽，但自从婆婆住进家里之后，矛盾就开始出现。这是很正常的现象，因为结婚是两个家庭的整合，两个年龄相近、性格相仿的人谈恋爱尚且需要磨合，两个家庭生活习惯和思维模式的碰撞，难免会导致伤痛。高情商的女孩懂得调和矛盾，在不受委屈、不引发大冲突的情况下，处理好与婆婆的关系。

作为父母的掌上明珠，即使是结婚之后，静静也从来十指不沾阳春水，家里的一切家务全都由老公包揽。当然，在他们夫妻俩的小家里，只要他们你情我愿，这是谁也干涉不了的。问题就出在，到了周末时，静静随老公一起去婆婆家，依然坐在沙发上看电视，还不停地吆喝着："老公，给我倒杯果汁！""老公，给我拿点儿瓜子来。""老公，我想吃春卷，咱们中午吃春卷吧！"随着静静对"老公"的吩咐越来越多，婆婆看着忙得团团转、始终没得闲的儿子，不由得心疼不已。

但她不想直接起冲突，于是想了想，站起身帮助儿子为"儿媳"服务，特意搞得声势浩大，引起了静静的注意。静静看婆婆忙里忙外的，起初还没有觉察出不对劲，甚至习惯性地又指挥起老公给婆婆帮忙。婆婆这时开口："没事，没事，你就坐着看电视、吃零食，你是客人，总是要主人给你好好服务。等我到你们的小家做客，你们夫妻俩可也得尽到地主之谊呀。"静静虽然有些娇气，却也不傻，她听出了婆婆话里的意味，连忙也起身帮忙。"妈，您这么说也太见外了。我们已经是一家人了，怎么还分主人、客人呢？""你来家里，坐在沙发上不挪窝，也不敢自己去拿零食，我可不就把你当成客人了吗？"

静静心想，"这是看我差遣她的儿子，心里有怨气了。虽然老公没有什么怨言，但是影响婆媳关系，让老公夹在中间难做人也不太好。"于是她主动搬来了台阶，说："我这是被老公惯坏了，也是把您当亲妈，总是想着撒撒娇、偷偷懒。您也是把我当亲闺女，这才提醒着我，对待家人也得互敬互爱、彼此照顾。这样吧，您坐着看会儿电视，我今天也露一手，做两道菜，让您尝尝我的手艺。"

婆婆知道静静听懂了她的话，心里的结也解开了。虽然最后静静还是在老公的"帮助"下才做了两道菜，但婆婆也没有那么反感了。后来，静静到婆婆家的时候总是收敛一些，也会帮忙做些力所能及的家务，和婆婆的关系也越来越融洽了。

在这个案例中，婆婆与静静都是高情商的人，她们虽然一开始有矛盾，但是都能够用温和的方式来相互沟通和解决。诚然，夫妻有着自己的相处模式，只要不影响他人、自得其乐，即使是婆婆、岳母也无从置喙。但是，婚姻也是两个家庭的结合，当涉及与婆婆的相处时，女性朋友们不能直接照搬与另一半的相处模式，而是要因人制宜、因地制宜地调整自己的态度和行为，用高情商创造和谐的婆媳关系。

记住，你爱上的就是那个不完美的爱人

现实中的爱情，极少数是纯粹的，大多数都是现实的，终究要从浪漫的、理想的状态，落实到柴米油盐酱醋茶和各种繁杂的生活琐事中。热恋中，情人眼里出西施，时间长了，竟变得相看两厌，各种挑剔。对于这种巨大的落差，无法接受的情侣选择一拍两散，而相互包容，对彼此的缺点也客观看待的情侣最终获得了真正成熟的爱情。

高情商的女孩知道，每个人都是既有优点也有缺点的。我们自己也不完美，更没有资格奢求别人完美。而且，一个人有缺点，才有优点，也才显得优点可贵，更加真实可信。在热恋中，激情令优点被放大，连缺点也成了优点。这就像是心情愉快时，所见之事皆是好事一样。但是这种光晕终将消失，尤其是进入婚姻乃至孕育孩子之后，彼此的了解更深、生活交集更大，也更容易发现双方的缺点。那么，如何看待这些缺点就成为影响婚姻幸福的关键。

对于每一个女孩而言，要想得到幸福的婚姻生活，就必须学会包容。幸福婚姻的秘诀之一就是彼此包容。不仅要包容另一半，还要包容另一半的父母、家庭等。当我们能够像欣赏对方的优点一样去欣赏对方的缺点时，我们就能做到发自内心地接受对方，理解对方，从而与对方的心更加贴近。

结婚之前，李楠就知道男朋友林峰是个慢性子，不管做什么事情都慢条斯理的。不过，当时李楠并不觉得这是个缺点，因为林峰非常温柔，她还安慰自己：这大概就是温柔男人特有的性格吧，虽然慢一点，但是至少很有耐心。

在经过一年多的相处之后，李楠终于和林峰走入了婚姻的殿堂。原本，李楠对于婚姻生活有着无限憧憬，真正结婚之后，却发现一切都不如自己想象中那么美好。同样一件事情，李楠几分钟就做好了，林峰却要花十几二十分钟。林峰的慢性格不但影响他个人生活，也对李楠的生活产生了影响。当他们周末准备去看电影时，李楠每次都要等着慢慢吞吞如同蜗牛一样的林峰。往常，一般是男方火急火燎地等着女孩梳妆打扮，这倒好，反过来了。如此几次，李楠实在忍无可忍，终于爆发了："你怎么比小姑娘还磨叨呢！你能不能快点儿！"催得急了，林峰也生气，两个人之间最终爆发了激烈的争吵。这次争吵后，他们持续冷战了一周之久。

李楠气得找闺蜜倾诉，闺蜜却说："你当初爱上的就是这样的人啊！我们都说他像个娘们儿，你却坚持要嫁给他，还说他这是性格温柔的表现。现在呢，就嫁鸡随鸡、嫁狗随狗吧！"闺蜜的话如同一盆凉水，扑灭了李楠心中的怒火。她静下心来想想：是啊，这是我自己的选择，我既然接受他的优点，也应该接受他的缺点。就像我不愿意被别人改变一样，别人当然也不愿意被我改变，毕竟每个人都有自己的脾气秉性。想明白了这个道理，李楠不再只盯着林峰的缺点，而是努力看到林峰的优点，于是她的心态越来越好，婚姻生活也越来越幸福。

女孩们，世界上没有绝对完美的人存在。我们既要接受爱人的优点，也要接受爱人的缺点，这样爱人才会同样包容我们。理解、信任、包容，都是幸福婚姻的必备要素，因而作为拥有高情商的女孩，我们应该时刻都记住这几点。

常言道，江山易改，本性难移。每个人都有自己的脾气秉性，只有低情商的女孩才会试图改变自己的爱人，导致彼此的关系愈发紧张和尴尬；真正高情商的女孩，会给予自己的爱人更多的空间，尊重爱人的脾气秉性，也处处包容爱人。毕竟，每个人唯有活出真实的自己，才对得起短暂的人生。为了爱人委屈自己、改变自己，只能收获一时的喜欢，换不来长久的陪伴。因此，除非是不可容忍的致命缺点，否则面对包容的爱情，我们无须做出伤筋动骨的改变。

女孩们，假如你们已经步入了婚姻，那么从现在开始就学会理解和包容你们的老公吧。当你们发自内心地爱他们，爱情会赐予你们意外的惊喜，使你们得到喜出望外的丰厚回报！记住，人是在欣赏中不断成长的，挑剔和苛责只会使一个人变得沮丧，止步不前。

参考文献

[1] 凹凸.高情商的女人好命一辈子[M].北京：中国纺织出版社，2009.

[2] 李向峰.幸福女人的情商修炼[M].北京：中国纺织出版社，2007.

[3] 吴静雅.写给女人的哈佛情商课[M].成都：成都时代出版社，2014.

[4] 张然.情商：改变孩子一生的能量书[M].北京：中国商业出版社，2013.